マルチエージェントシリーズ B-6

マルチエージェントによる
金融市場のシミュレーション

高安美佐子
和泉　潔
山田　健太
水田　孝信

共著

コロナ社

刊行のことば

21 世紀に入り，人間の活動の世界規模での展開と情報通信をはじめとする技術の急速な発展普及に伴って，世界規模で人々の意識や行動の変化が，既存の社会や制度に追いつかない現象が頻発している。例えば，世界で頻発する文化的な摩擦やテロなどの事象，鳥インフルエンザなどの感染症の流行，SNS などのネット上での人々のコミュニティ行動の理解，電子商取引の発展，金融市場の不安定性などはその例である。これらに共通する問題はつぎの 3 点である。（1）対象が本質的に変動し続ける性質を持ち，物理現象のような第一原理が存在しないこと，（2）対象となる現象を分析するという従来の自然科学的接近法に加えて，対象をデザインするという新しい工学的接近法が必要なこと，（3）当事者や関係者を含む複雑な意思決定という側面を持ち，対象問題を定式化することが非常に困難であること。

このような複雑な現象の分析，設計においては，従来とは異なり，対象となるシステムが所与のものと仮定することはできない。システム全体を表す法則が，システムを構成する要素の相互作用から創発しうるからである。われわれはこのような社会的・システム的課題について「マルチエージェント」の概念を用いることで新しい方法論が構築できると信じている。マルチエージェントとは，エージェントと呼ぶ内部状態と意思決定・問題解決能力，ならびに通信機能を備えた複数の主体によるボトムアップなモデル化を試みる。そしてこのインタラクションに基づく創発的な現象やシナリオを分析しようとする。

近年，マルチエージェントが注目されるようになった背景には，コンピュータそのものの急速な発展，オブジェクト指向などのソフトウェア開発手法の進歩，進化や学習を扱う人工知能技術の発展，分岐・相転移やカオス，自己組織化などを扱う非線形科学や複雑系科学の発展が挙げられる。そして，このよう

な理論や手法を適用するためには，コンピュータによるシミュレーションによる理解が必要になる。

この古くて新しいシミュレーションの考え方は，対象をモデル化し数理的に扱う演繹的な方法，もしくは，データや事例分析を用いる機能的な方法を補完する第3の科学的方法であり，複雑な事象に対するわれわれの直観の能力を高める性質を持つ。マルチエージェントの考え方は，したがって，計算機科学をはじめとする理科系の学生にとっても，経済学，社会学などを学ぶ文科系の学生にとっても，研究の道具として，また，複雑な社会現象を知るための教養として，今後，必須のものになると考えられる。

本シリーズのねらいは，このような複雑システムの分析，設計に伴う困難を克服する手段としてのマルチエージェント理論や技術について体系付けて学ぶ機会を提供することである。本シリーズでは，全体を通じて，新しい学際的な方法としてのマルチエージェントの考え方を紹介し，それに基づいたマップを示す。本シリーズの大きな特長は，各巻において，ほかの巻の内容との関連性を明示するとともに，Web サイトを積極的に利用して，スライドやプログラムソース，シミュレーション実行例などの副教材を豊富に提供することである。このような試みはわが国においても，世界的にもはじめてである。この新たな学際領域に，みなさんを招待したいと考える。

2017 年 5 月

編集委員長　寺野　隆雄

まえがき

20 世紀後半からのコンピュータ技術の発展と普及により，私達の社会の高度情報化が急速に進んでいる。コンビニやスーパーの商品の売り上げ，スマートフォンの GPS に基づく人の移動，Twitter† に代表される SNS の書き込みなど，これまでは記録として残らなかったような人間の詳細な行動履歴がデータとして蓄積されるようになった。このようないわゆるビッグデータを解析し，数理モデルを構築することで人間の集団的な行動性質を解明する研究が，学術的にも実務的にもホットなトピックとなっている。

なかでも金融市場は，詳細で正確な取引記録を残すことが求められることもあり，最も早くからデータの電子化が進められた。1990 年代に誕生した研究分野である経済物理学の研究者達は，このような金融市場の時系列データを自然科学の方法で丁寧に解析することでさまざまな発見を報告した。現在では，社会のビッグデータが科学の研究対象となることは当たり前になっているが，自然現象と同じ土俵で経済現象を研究するという研究手法は非常に先駆的だった。

経済物理学の最初の発見は，株式市場や為替市場など多種多様な金融市場において普遍的に観測される価格変位のべき分布である。従来の金融市場の理論では，価格変位を正規分布で近似することが主流だったが，正規分布の理論では起こりえないような大きな変動がどの市場でもかなりの頻度で発生しているという事実は，リスク管理の実務的な観点からも非常に重要であり，注目が集まった。つぎの研究のステップとして，このべき分布の起源を明らかにし，さらに現実の金融市場（実市場）を深く理解するために，いくつかの数理モデルが提案された。数理モデルは大きく二つに分類される。一つは，直接観測される

† 本書で使用している会社名，製品名は，一般に各社の商標または登録商標です。本書では® と TM は明記していません。

市場価格の変動の時系列をデータと整合するように改良する時系列モデルであり，もう一つは，金融市場で売買取引をしている一人ひとりのディーラーの行動や戦略を数理モデル化することで，実市場と同じような特性を持つ仮想的な市場を構成しようというマルチエージェントモデルである。本書では，この金融市場のマルチエージェントモデルに焦点を当て，モデル構築の基本的な考え方から，実務的な応用までの一連の研究成果を紹介する。

金融市場のディーラーは，それぞれ独自の戦略に基づいて取引をしており，その行動を数式で記述することには自ずと限界がある。しかし，どのディーラーにも共通しやすい基本的な特性から一つずつ順序立ててモデルに実装することによって，ディーラーの行動を数理モデル化することが可能となる。また，ディーラーの行動やディーラー間の相互作用というミクロな視点とディーラーの集団から発生したマクロな市場価格の時系列の関係を追求することによって，価格変動の時間発展を記述する時系列モデルとの対応関係も明らかになる。さらに，本書では詳しくは紹介しないが，現在の学術的な研究の最先端では，一人ひとりのディーラーの注文履歴も観測できるデータをもとにディーラーの戦略の分析も行われており，これまで仮想していたディーラーの戦略が実際に使われていることがわかってきた。仮想から始まった金融市場のマルチエージェントモデルは，実市場のモデルであると確認できたことになる。このようにして金融市場から観測される経験則を再現できるような数理モデルが構築できると，通常の市場の状態を再現するだけでなく，モデルを拡張することで，例えば，為替市場における介入などの特殊な状況もシミュレートすることが可能となる。さらに，モデルのパラメータを極端に変化させたり，新たな効果をモデルに導入することで，シミュレーションを通して現実にはまだ実現していないような市場の状態も研究することができる。

現在の金融市場は，ときに異常なほどの暴騰や暴落を起こし，また，自動売買が連鎖して数分程度の短い時間の間に激しく価格が変動するようなフラッシュクラッシュも時折発生している。金融市場は世界のお金の流れの基盤であり，いつでも安全安心に機能を維持させていくために，上記のような問題の発生を

未然に回避できるよう市場の仕組みを変更していくことが求められている。取引ルールをどのように変更するとどのような効果があり，また，どのような副作用が生じるかをエージェントベースモデルに基づく数値シミュレーションによって明らかにし，その結果に基づいて実市場における取引ルールの変更を導入する，というような科学的な施策アプローチが近い将来実現できると期待している。

本書の構成は以下のようになっている。1章では，外国為替市場の概要として，外国為替市場の仕組みや金融ビッグデータから観測される統計的性質などについてまとめている。2章では，金融市場のマルチエージェントモデルの一つである「決定論的ディーラーモデル」を用いて為替市場のシミュレーションを行い，ディーラーの行動と金融ビッグデータから観測される統計的性質の関係について述べている。3章では，確率論的ディーラーモデルを用いたシミュレーションと理論解析によって，為替市場で観測される統計的性質の再現やモデルの特性について紹介している。4章では，ディーラーモデルの応用として，金融市場の特性を再現する時系列モデルであるPUCKモデルとの対応関係や，政府による為替介入のシミュレーションに関する研究結果を報告している。5章では，株式市場を対象として，人工市場を用いた制度設計に関する基本的事項をまとめ，最適値幅の推定などをマルチエージェントモデルを用いて議論している。

2，3章は，ディーラーモデルの基本的性質や為替市場から観測される統計的性質との関係をシミュレーションや理論解析によって解明しており，数理的な側面が強い。一方，4，5章はエージェントベースモデルを用いたさまざまな状況のシミュレーションや制度設計といった応用的な側面が強い。為替市場の基本的知識や為替市場から観測される統計的性質に関して知識のある読者は，1章を飛ばして読むことも可能である。また，2章の決定論的モデルと3章の確率論的モデルは，たがいに独立しており，3章から読み進めることも可能である。一方，4章は，2章や3章の知識が必要になるので2，3章を学習した後に読むことをすすめる。マルチエージェントモデルを用いた株式市場の制度設計

に興味のある読者は，5 章から読むことも可能である。

本書の執筆分担は以下のようになっている。

高安美佐子，山田健太：1 章～4 章

和泉　潔，水田孝信：5 章

本書が，金融市場の数理モデルに関心を持つ読者に有益な情報を提供し，金融市場の研究が今後大きく発展することを祈願する。

2020 年 6 月

執筆者一同

目　　次

1章　外国為替市場の概要

2章　決定論的ディーラーモデルによる為替市場のシミュレーション

3章　確率論的ディーラーモデルによる金融市場のシミュレーション

4章　ディーラーモデルの応用

5章 エージェントベースモデルによる金融市場の制度設計

1章 外国為替市場の概要

◆本章のテーマ

外国為替市場の仕組みや階層構造を簡単に紹介し，外国為替市場の大規模データから観測される統計的性質をまとめる。また，ディーラーの行動というミクロスコピックな視点からのモデルをいくつか紹介する。

◆本章の構成（キーワード）

1.1　背景
　　外国為替市場の規模，経済物理学によるアプローチ
1.2　外国為替市場の仕組み
　　ボイスブローキングシステム，電子ブローキングシステム
1.3　金融市場の階層構造
　　金融市場のミクロ・マクロ構造
1.4　為替市場に見られる統計性
　　取引間隔の統計性，市場価格の統計性
1.5　ミクロスコピックモデルとメゾスコピックモデルのまとめ
　　ディーラーモデル，ファンダメンタリスト vs. チャーティストモデル，マイノリティーゲーム

◆本章を学ぶと以下の内容をマスターできます

☞ 経済物理学による金融市場へのアプローチ方法
☞ 為替市場に見られる代表的経験則
☞ 為替市場のミクロスコピックモデル

1.1 背　　景

現在，外国為替市場や株式市場は，取引を望む人が自発的に取引できる自由市場という形式で各国に導入され，経済活動の骨格の一つとなっている。BIS（国際決済銀行）は3年に一度，外国為替の取引高調査を行っている。2016年4月の調査では1日の外国為替の出来高は全世界で約5.1兆ドルであり，円ドル為替はそのうちの約18%を占めている。IMFが発表した2016年の全世界のGDPは約75兆ドルなので，外国為替市場における1年間の取引高は，全世界のGDPと比べて約16倍もの取引が行われている。さらに，金融市場には為替市場だけでなく株式市場も存在し，WFE（世界取引所連盟）に加盟している56市場の2006年の取引高は約70兆ドルである。また，こうした金融市場での取引目的の9割以上が安く買って高く売ることで生じる利ざやを目的とした取引であると推定されている。

金融市場では，ときにブラックマンデーやアジア通貨危機，そして2008年に起きたリーマンショックに代表される大暴落を起こし，世界的金融危機の引き金となり，直接為替取引や株式取引を行っていない人々の暮らしまでも大きく変えてしまうことがある。このような問題を抱えている金融市場であるが，基本的なルールはこれまでにほとんど変わっていない。これは，現行の制度を変える難しさももちろんあるが，どのように制度を変化させたらよいかが不明確であることが一番の原因である。この問題を解決するためには，現在の為替や株式の価格変動がどのような性質を持つのかを定性的，さらには定量的に把握することが必要である。そのため，金融市場に関する研究は経済学や金融工学に限らず，実験経済学や情報科学，物理学の手法を用いた経済物理学，また，心理学や脳科学を用いた行動経済学や神経経済学の研究も行われている。

市場価格の変動に対して最初にモデルを導入したのは，フランスのバシェリエである。バシェリエはアインシュタインのブラウン運動の理論[1)†]が発表された5年前の1900年に，ランダムウォーク理論により，価格変動を確率過程とし

† 肩付数字は巻末の引用・参考文献を示す。

て記述した[2)]。当時，バシェリエの研究は評価されていなかったが，将来のオプション価格を決定するブラックショールズの方程式に象徴される金融理論の基盤的研究となっている[3)]。一方，レビの安定分布の理論に影響を受けたマンデルブロがフラクタルを発見したのは，やはり市場価格の変動の時系列からであった[4)~6)]。フラクタルという概念は，部分と全体が自己相似な構造を持つさまざまな形や時系列変動に応用され，その後の複雑系科学の発展へとつながった[7)~9)]。

近年では経済現象を統計物理学の立場から解明しようとする経済物理学の研究が盛んに行われている[10)~12)]。経済物理学の発展にはコンピュータやネットワーク技術の進歩が大きく関わっている。情報技術の進歩により，市場での取引一つひとつを詳細に記録した電子データの解析が可能となり，価格差の分布のべき乗則[13)~16)]など，市場に潜むさまざまな経験則が明らかになった[13)~20)]。これらの金融市場の統計性については，1.4 節で詳細をまとめる。

このように，詳細なデータ解析から得られた普遍的な経験則を再現する数理モデルを作り，その現象の発生メカニズムを理解し，制御や予測につなげることは重要である。そして，これらの研究が進めば，現行の市場よりも安定した市場の提案を数理的な根拠のあるかたちで提案できるようになる可能性があり，積極的に研究が進められている。

1.2 外国為替市場の仕組み

外国為替市場は，各国の銀行などが円やドルなど異なる通貨（外国為替）の交換を行う市場であり，外国為替市場での取引の目的は大きく，**経常取引**，**資本取引**，**投機取引**の三つに分けられる[21)]。

経常取引はおもに貿易取引であり，これは輸出により相手国の通貨で支払いを受けたときに自国の通貨に換えるため，もしくは輸入の際に相手国の通貨で払うために自国の通貨を相手国の通貨に換える取引である。また，海外旅行の

際に生じる外貨の需要による取引も，この経常取引に含まれる。資本取引は，物の輸出入ではなく，外国の証券を売り買いするときに発生する為替の需要または供給に対する取引などである。最後に，投機取引は為替差益を目的とした取引であり，例えば，円が安いときに買い，高いときに売り，その差を利益とする。そして，為替市場取引の 9 割以上がこの投機を目的とした取引といわれている。

つぎに，外国為替市場のルールについて簡単にまとめる。銀行がほかの銀行と為替の取引をする方法には 2 種類あり，一つは，直接回線でつながれたマイクを通してディーラーとブローカーがやり取りをする**ボイスブローキングシステム**，もう一つは，ディーラーの操作するコンピュータとブローカーのサーバーをつなぎ取引を行う**電子ブローキングシステム**であり，現在では後者が主流である。このシステムは 24 時間取引が可能であり，そのため，外国為替市場は眠らない市場と呼ばれている。ディーラーがこのシステムを使って取引をする際は市場に指値を提示する。**指値**とは，自分がいくら以下で買いたいという**買い値**（ビッドプライス）といくら以上で売りたいという**売り値**（アスクプライス）を提示する注文であり，市場にはこの指値が集められる。そして，各ディーラーが提示した指値の最高の買い値と最低の売り値をそれぞれ**ベストビッド**，**ベストアスク**と呼び，1 ドル当りの価格として $120.^{15} - 120.^{20}$ 円などと表しており，時々刻々と変化する。為替市場には，株式市場に存在する**サーキットブレーカー**のように，価格が暴騰暴落した場合，一時的に取引を中断させるシステムはなく，取引は続行される。このように外国為替市場は制限が少なく，取引される金額も大きく，週末を除くと 24 時間連続的に取引されており，株式市場の時系列に比べて統計的な解析がしやすいメリットがある。

1.3 金融市場の階層構造

スライド 1.1 は，金融市場の**ミクロ・マクロ構造**を俯瞰したものである。一番上の階層のノードとリンクからなる**ネットワーク層**の各ノードは，トヨタや

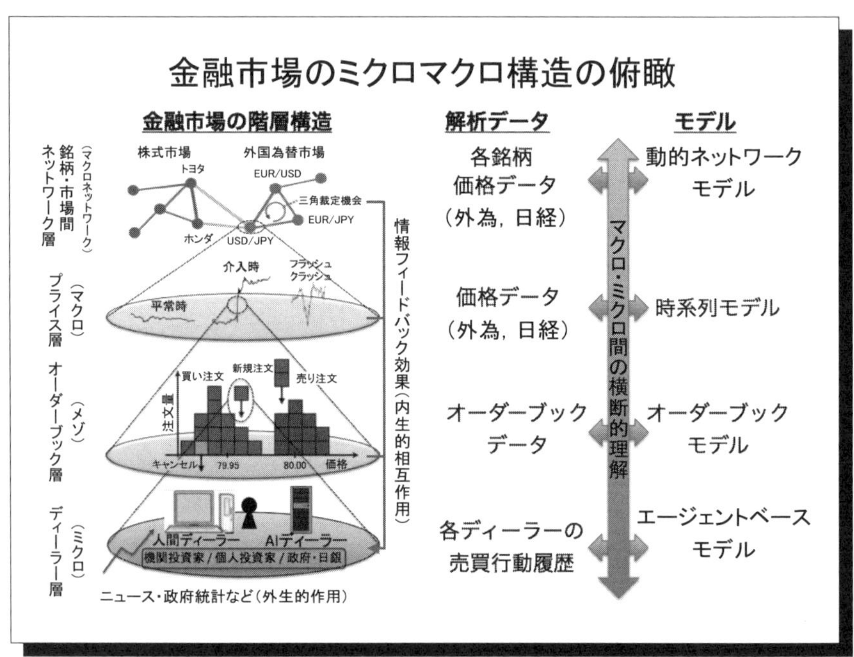

スライド 1.1　金融市場の階層構造の俯瞰

ホンダなどの銘柄（株式市場）や，USD/JPY などの通貨ペア（外国為替市場）を表している。二つのノード間リンクは，例えば，二つの株価や為替レートの変動に一定値以上の相関があることを示す。このようなネットワーク構造を描画するためには，各銘柄や各通貨ペアの価格変動のデータが必要である。また，このネットワーク構造は時間的に変化すると考えられる。例えば，株が暴落するときは多くの銘柄が連動して暴落するので，多くの株価や為替レート間の相関が強くなり（多くのノードがリンクで結ばれる），ネットワークが密になる。このように，時間的に変化するネットワーク構造をモデル化するためには，動的なネットワークモデルが必要となる。

ネットワーク層内の一つのノード（銘柄や通貨ペア）の価格変動に着目するのが，スライド 1.1 の上から二つ目にある**プライス層**（マクロスコピック）である。価格の時間変化を観測すると，平常時や介入時や**フラッシュクラッシュ**

（数秒から数十秒の間に急激に価格が下落する現象）などさまざまな変動が見られる。近年では，コンピュータの発達によって，非常に短い時間間隔（ミリ秒，マイクロ秒）のタイムスタンプがついた時系列データを解析できるようになった。価格変動などの時系列を表現するのが時系列モデルであり，ランダムウォーク，ARCH モデル[22]，GARCH モデル[23]，高安らによって提案された PUCK（Potentials of Unbalanced Complex Kinetics）モデル[24)~26] などがある。

つぎに，時系列のある時点に着目すると，その背後には，スライド 1.1 の上から三つ目に示した，**オーダーブック層**（**メゾスコピック**）と呼ばれる買い注文や売り注文の集合がある。オーダーブックデータも近年解析できるようになったデータであり，価格変動の要因をよりミクロな視点から解析できるため，非常に注目されているデータである。オーダーブックは板または板情報と呼ばれる。

スライド 1.1 の**ディーラー層**にあるように，オーダーブック上の一つの注文は，機関投資家，個人投資家，ときには政府や中央銀行によって出されたものである。また，近年では売買の行動がプログラムされたコンピュータが注文を出すコンピュータトレーダーも一般的になり，その比率も高まっている。さらに，近年，各ディーラーの売買行動履歴のデータも，限定的ではあるが解析が可能となっている[27,28]。

このような階層性を持つ金融市場をモデル化するうえで重要なポイントは，情報のフィードバックによる**ミクロ・マクロリンク**を考慮することである。例えば，過去の価格変動がディーラーの現在の行動に影響を与える効果などが考えられる。つまり，プライス層で直近の価格が上がっていれば，上昇トレンドがあり，このトレンドに乗ったほうが利益を上げられると考えて**順張り**（**トレンドフォロー**）するディーラーもいれば，そろそろ天井だと思い**逆張り**するディーラーもいるだろう。このように，ディーラー同士は，会話などミクロなレベルによる情報を交換する直接的相互作用というよりは，マクロなレベルでの価格変動を通して，間接的に相互作用していると考えられる。

また，近年では，オーダーブック上の注文量などを確認しながら自分の投資行動を決めるディーラーもいるので，オーダーブック層からのフィードバック

効果も考えられる。また，海外への輸出が多い自動車産業（トヨタやホンダなど）を取引するディーラーは，円ドルレートを注視していると考えられ，他通貨や他銘柄の価格変動からのフィードバックも存在するはずである。

さらに，情報のフィードバックによる内生的な相互作用以外にも，ニュースや政府統計の発表など外生的な効果も金融市場を理解するうえでは重要である。

1.4　為替市場に見られる統計性

1.4.1　用いるデータについて

2.2 節では，Bloomberg 社によって提供された 1998 年 10 月から 1999 年 3 月までの円ドル為替レートのデータを用いる。このデータには各ディーラーが付けた，買い値と売り値が秒単位の時刻とともに記録されている。このデータを解析およびモデル化する際は，為替市場でも取引が多く，そして安定している NY7:00～11:00 を対象とした。

3.1 節では EBS 社によって提供された 2000 年 1 月から 2005 年 12 月までの円ドル為替レートを用いる。2 社のデータから計算される統計性は定性的に同じである。

1.4.2　取引間隔の統計性

まず，市場には二つの時間が存在することを述べておく。一つはわれわれが生活に使う 24 時間制の**物理時間** t，もう一つは取引が起きたごとにタイムスタンプが付く**ティック時間** n である。具体的な例を**スライド 1.2** に示す。

スライド 1.2 の上段の時系列は，横軸に物理時間を用いてプロットした図であり，下段の時系列は，ティック時間を用いてプロットした図である。実時間では取引間隔が伸びたり縮んだりしているのに対し，ティック時間は取引発生ごとに 1 増加する。物理時間の取引発生間隔を観測すると，$t = 200$ 付近のように取引が多い時間と，$t = 300$ 付近のように取引が少ない時間があることがわかる。つまり，この過程は放射性原子核の崩壊に代表される，単純なポアソ

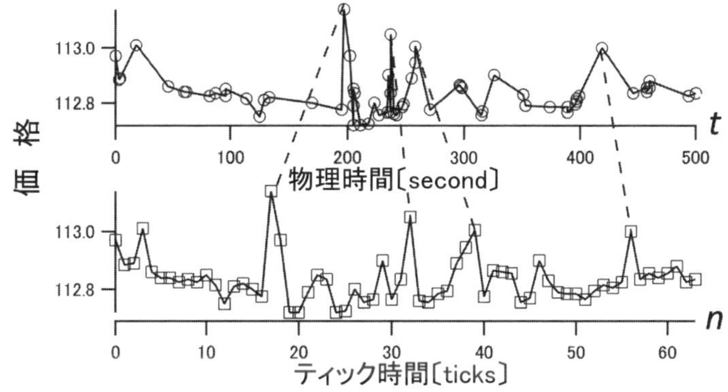

スライド **1.2**　金融市場でよく用いられる二つの時間（物理時間とティック時間）

ン過程ではなく，過去に影響を受ける確率過程であることが期待される。そこで，この過程に対してつぎのような移動平均 $\langle I\rangle_\tau$ を用いて規格化を行う。

$$\langle I\rangle_\tau = \frac{1}{N}\sum_{k=0}^{N-1} I(n-k) \tag{1.1}$$

$$\mu(n) = \frac{I(n)}{\langle I\rangle_\tau} \tag{1.2}$$

ここで，$I(n)$ は n 番目の取引間隔であり，N は n 番目の取引から τ 秒以内にいくつの取引が起こったかを表しており，時間とともに変化する。ただし，n 番目の取引間隔が τ よりも大きいときは $\langle I\rangle_\tau = I(n)$ とする。$\mu(n)$ は $\langle I\rangle_\tau$ によって規格化された取引間隔であり，その過程はほぼ平均値 1 のポアソン過程になり，分布は指数分布に従うことが知られている[19),20)]。2.2.2 項ではいまの操作の逆を行うことにより，乱数を用いて実データとほぼ同じ振舞いをする時系列を作成する。

1.4.3 価格差，ボラティリティーの統計性

価格差はある時刻における価格 $P(n)$ ともう一つの時刻 $P(n-k)$ との差であり，$\Delta P_k(n) = P(n) - P(n-k)$ で定義される。ここで，n はティック時間である。特に $k=1$ のときは1ティック前との差を表しており，このとき，添字 k を省略して $\Delta P(n) = P(n) - P(n-1)$ と書く。また，ΔP の絶対値をとった $|\Delta P|$ はボラティリティーと呼ばれる。2000 ティック間の価格変動と価格差の変動の様子をスライド **1.3** (a) に示す。価格差 ΔP の時系列は，$\Delta P > 0, \Delta P < 0$ でほぼ対称であり，変動幅が大きい時間帯と小さい時間帯がある。この性質は，ボラティリティークラスタリングと呼ばれる。

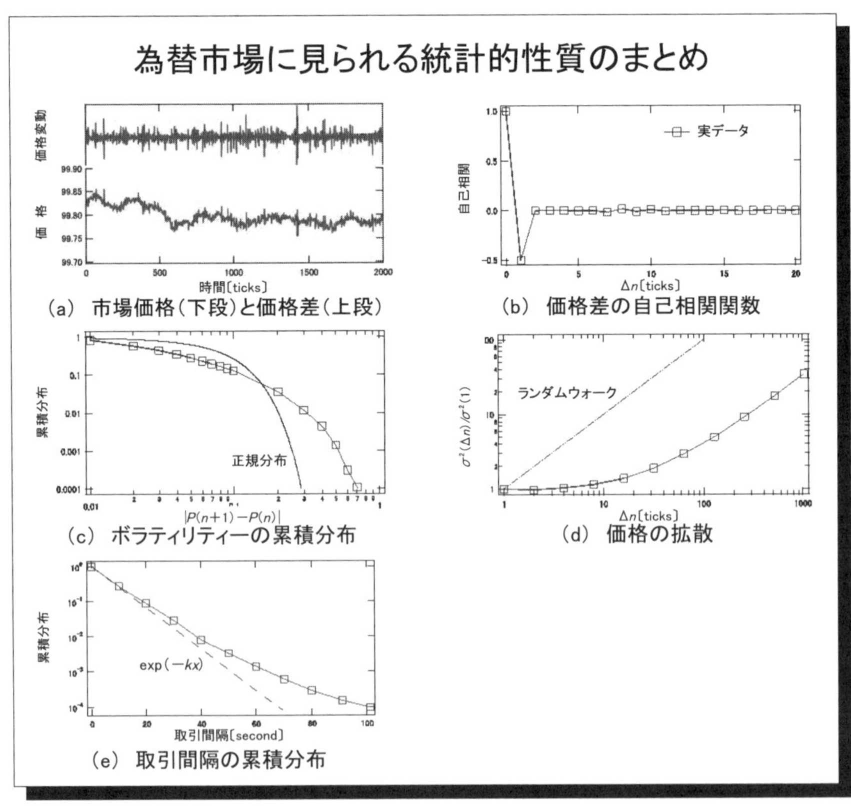

スライド **1.3** 為替市場に見られる統計的性質のまとめ

この時系列に対して，時刻が k だけ離れたときの価格差の相関関数 $C(k)$ を観測する。相関関数 $C(k)$ は

$$C(k) = \frac{\langle \Delta P(n) \Delta P(n+k) \rangle - \langle \Delta P(n) \rangle \langle \Delta P(n+k) \rangle}{\sigma^2} \tag{1.3}$$

で定義される。ここで，$\langle \Delta P \rangle$ は変数 ΔP に対する平均を表し，σ は標準偏差で，それぞれつぎのように定義される。

$$\langle \Delta P \rangle = \frac{1}{N} \sum_{m=1}^{N} \Delta P(m) \tag{1.4}$$

$$\sigma = \sqrt{\langle \Delta P^2 \rangle - \langle \Delta P \rangle^2} \tag{1.5}$$

相関関数は k だけ離れた 2 点の類似性を表している。一般に，一つの時系列で時刻が k 離れた相関関数を自己相関関数と呼ぶ。

価格差の自己相関関数は，スライド (b) のように，1 ティック後に強い負の相関を示し，その後はほぼ 0 になる。これは，価格の時系列に強い引戻しの効果がはたらいていることを示している。

つぎに，確率変数 x に対する確率密度関数 $q(x)$ に対して

$$Q(\geq |x|) = \int_{-\infty}^{-|x|} q(x')dx' + \int_{|x|}^{\infty} q(x')dx' \tag{1.6}$$

で定義される累積分布を市場価格の価格差に対して観測する。スライド (c) のように，実線で示した実データと同じ平均値と標準偏差を持つ正規分布よりも裾野が広い分布になる。そして，正規分布ではまず現れないような大きな変動が頻繁に起こっていることを示している。

スライド (d) は価格の拡散を表している。ここで Δn ティックだけ離れた時刻の拡散 $\sigma(\Delta n)$ は

$$\sigma(\Delta n) = \sqrt{\langle (P(n) - P(n+\Delta n))^2 \rangle - \langle P(n) - P(n+\Delta n) \rangle^2} \tag{1.7}$$

で与えられ，これは任意の時間 Δn が経過したときの標準偏差，つまり価格のばらつき具合を表しており，この値が大きいほど時刻 Δn が経った後に価格のとりうる範囲が広くなる。期間 Δn と拡散 $\sigma(\Delta n)$ の間に $\sigma(\Delta n) \propto \Delta n^H$ とい

うスケーリング関係を想定したとき，H はハースト指数と呼ばれる。標準的なブラウン運動（ランダムウォーク）では $H = 1/2$ であり，非整数ブラウン運動では $H \neq 1/2$ となり，異常拡散を示す[29)]。

スライド (b) で価格差の自己相関関数が 1 ティック目で負の値になることを示したが，この引戻し効果により，価格の時系列は短い時間スケールにおいて，ブラウン運動の拡散よりも遅くなる（スライド (d)）。図中の点線は，$H = 1/2$ であるランダムウォークの拡散であり，これと価格の時系列を比較すると，100 ティックを超えるような長い時間スケールでは同じ傾きを持つので通常の拡散に従うことがわかるが，短い時間スケールにおいては傾きがランダムウォークの場合と比較して小さい。このような通常拡散（$H = 1/2$）と異なる拡散は異常拡散と呼ばれ，ここに示したような遅い拡散（$H < 1/2$）と，速い拡散（$H > 1/2$）がある。市場価格が激しく変動するときには，短い時間スケールでは速い拡散が観測される。

スライド (e) は取引間隔の累積分布である。1.4.2 項では取引間隔はポアソン過程には従わず，平均的間隔が伸び縮みすることを述べた。このとき，取引間隔はポアソン過程よりも狭い間隔や広い間隔も出やすくなり，破線で示した指数分布よりも裾野の広い分布を持つ。

1.5 ミクロスコピックモデルとメゾスコピックモデルのまとめ

本書では，市場で取引を行うディーラーをモデル化する方法をミクロスコピックモデル，市場の板情報（オーダーブック）をモデル化する方法をメゾスコピックモデルと呼ぶ。そしてこれらは，経済学，マーケットマイクロストラクチャー[30),31)]，行動ファイナンス[32)]，情報科学[33)~36)]，そして物理学など幅広い分野からそれぞれ理論やモデルが提案されている。

伝統的な経済学の手法では，人々は自分の効用を最大にし，最適な行動をとるという合理性の仮定を一つの軸としている。これに対して，行動ファイナンス理論では，心理学実験の結果から人間はかならずしも合理的には行動しない

と主張し，合理性の仮定の代わりに心理的特性を採用している。これらの分野では，モデルを構築しシミュレーションを行うというよりも，金融市場に対する一般論やケースバイケースの実験が多い。

金融市場を再現する人工市場の研究分野では，U-Mart[37] のように実際の株式や為替は扱わないが，人工市場をコンピュータ内に構築し，被実験者がその中で取引を行う方法がある。この方法の利点は，各参加者の売り買いの結果がすべてデータとして残り，解析を行えることである。一方，現実の金融市場（実市場）と同じように 1 年分のデータを得るためには，1 年間実験をしなければならないため，実験コストは高くなる。

金融市場も取引を行うディーラーもコンピュータ内で仮想的に構築し，シミュレーションする方法は，ディーラーの行動をアルゴリズム化するという難しさはあるが，1 年分のシミュレーションなどを瞬時に行うことが可能であり，暴落時などさまざまな場面のシミュレーションを行うことができる。そして，ディーラーの行動と金融市場の特性を結び付けることができるため，情報科学や物理学の分野から多くのモデルが提案されている。

物理モデルでは，できるだけシンプルなモデルを作り，ディーラーの行動と市場の特性との因果関係を明確にすることを目的としている。また，それを解析的に解くことができれば，数理的な興味やモデルを拡張する際に非常に有効であり，利用価値が高いモデルである。

提案されている物理モデルはおもに

① ファンダメンタリスト vs. チャーティストモデル[38)~40)]

② マイノリティーゲーム[41)~44)]

③ スピンベースモデル[45)~47)]

④ ディーラーモデル[48)~52)]

がある。

①は，ファンダメンタリストとチャーティストの比率やそれぞれの提示価格をコントロールすることにより，価格差のべき分布やボラティリティーの長時間相関を再現する。

②や③のモデルの構造は本質的に同じである。買い手（アップスピン）と売り手（ダウンスピン）を配置し，それぞれのディーラーたちが②や群集心理により相互作用している。

価格の決定メカニズムの観点でモデルを分類すると，①〜③のモデルでは需給差（例えば，買い手と売り手の数の差）と考え，将来の価格は，この需給差に比例して変動するという，ワルラスの一般均衡理論に基づいた仮定を用いるが，これは必ずしも自明な法則とはいえない。一方，オーダーブックモデルや④では，実市場と同じように価格軸上でオーダーがマッチングして取引が成立し，市場価格が生まれるので，こちらのほうが実市場に近いモデルといえる。オーダーブックモデルの基礎的なモデルには，Maslov によって提案された Maslov モデルや，Bak，Paczuskinext，Shubikc らによって提案された BPS モデルがあり，④との対応関係を**表 1.1** にまとめる。

表 1.1 オーダーブックモデルとディーラーモデルの対応関係

	売り値と買い値をセットで提示	売り値または買い値のみを提示
提示価格は時間を変数に持つ	ディーラーモデル	BPS モデル
提示価格は時間的に固定	—	Maslov モデル

ディーラーモデルでは，各ディーラーは売り値と買い値がセットになった指値を市場に提示し，その価格は，設定された時間発展方程式に従って時間とともに変動する。BPS モデルや Maslov モデルでは，買い値または売り値のみを提示し，BPS モデルはその価格が時間とともに変動し，Maslov モデルでは一度提示された価格は固定されているが，ある時間経つとキャンセルが起こる効果が加えられている。また，Maslov モデルでは，取引は成り行き注文によってのみ発生する。表 1.1 中央下の欄に該当するモデルは，いまのところ提案されていない。

表 1.1 にまとめたオーダーブックモデルとディーラーモデルは，買い注文と売り注文がぶつかって取引が発生する過程をモデル化する。ここで，売り注文を A，買い注文を B とすれば，取引が成立し，注文が市場から消える過程は

$A + B \to \emptyset$ と化学反応式のように表現できる。また，市場への注文は絶えず降ってくるので，この系は注入系でもある。ただし，金融市場の特性上，買い注文と売り注文が価格軸上に交互に並ぶようなことはなく，買い注文と売り注文はつねに相分離している状態である。このような過程は物理モデルとしても興味深く過去に研究が行われており，相の位置の拡散は異常拡散することが知られている[53),54)]。提示した価格が時間とともに変化するディーラーモデルやBPSモデルは注入消滅のほかに拡散の効果も含み，注入拡散消滅系ということができる。

2章からは，実際にディーラーモデルを構築する手順と，市場の経験則を再現するためには，ディーラーのどのような行動をモデリングすればよいのかをシミュレーションと理論解析を用いて紹介する。

2章 決定論的ディーラーモデルによる為替市場のシミュレーション

◆本章のテーマ

最初にディーラーモデルの歴史と概要を解説し，その後，決定論的ディーラーモデルの構築方法を基礎的な内容から紹介する。モデルは，骨子となる最も単純なモデルから紹介し，徐々に新たな効果を加えることで，観測された統計性を再現する。これによって，実データから観測された統計性が，ディーラーのどのような行動に起因したかを明確にする。

◆本章の構成（キーワード）

2.1　ディーラーモデルの歴史と概要
　　決定論的ディーラーモデル，確率論的ディーラーモデル

2.2　決定論的ディーラーモデルによる統計性の再現
　　取引間隔の自己変調効果，トレンドフォロー効果

◆本章を学ぶと以下の内容をマスターできます

☞　決定論的ディーラーモデルの構築方法

☞　決定論的ディーラーモデルによる為替市場から観測される統計性の再現方法

☞　決定論的ディーラーモデルの性質

2.1 ディーラーモデルの歴史と概要

本章では，1.4 節で確認した為替市場の統計性を再現するディーラーモデルを紹介する。ディーラーモデルはエージェントベースモデルの一種であり，最初のディーラーモデルは高安らによって 1992 年に提案された[48]。初期のモデルではディーラーを買い手と売り手に分け，ある時刻に取引がなければ，取引ができるように買い手は自分の買い値を上げ，逆に売り手は売り値を下げる歩み寄りの効果と，過去の価格変動を参考に未来の価格を先読みするトレンドフォローの効果が入っている。また，取引が成立した後は，買い手は買い値を一定値下げ，売り手は売り値を一定値上げる。この論文では，トレンドフォローの効果がないと価格差はホワイトノイズになり，先読みの効果があるとパワースペクトルが f^{-2} に比例することを述べている。

1993 年の平林らの論文[49]では，同じ決定論的ディーラーモデルを用いて売り手と買い手の人数を変化させてシミュレーションを行い，売り手と買い手の人数が釣り合うときが臨界点であり，価格変動はランダムウォークに従い，そのダイナミクスをランジュバン方程式で記述している。

1998 年の佐藤らの論文[50]では，取引後のルールが変更され，取引で買ったディーラーは売り手になり，売ったディーラーは買い手になると設定された。このような設定にすると，価格差のべき則が再現され，価格差の時間発展を加算ノイズを持つランダム乗算過程で近似することができ，その結果，トレンドフォローの効果と価格差のべき指数の関係を推定することができる。また，佐藤らは，エージェントベースモデルであるディーラーモデルからノーベル経済学賞の受賞理由となった時系列モデルである ARCH モデルをディーラーモデルの特殊な場合の極限として導いている[55]。

2007 年の山田らの論文[51]では，決定論的ディーラーモデルによって，価格変動の分布のファットテール，価格の拡散，取引間隔の非ポアソン性など為替市場から観測される代表的な経験則を再現するモデルを提案した。また，2008 年の論文では[56]ディーラーの行動を記述するミクロスコピックな決定論的ディー

ラーモデルと価格変動をモデル化したマクロスコピックな PUCK モデルの関係を明らかにし，市場価格から観測されるポテンシャルは，ディーラーのトレンドフォローに代表される先読み効果に起因することを示した。

2009 年の論文で山田らは，確率論的ディーラーモデルを提案し，決定論的ディーラーモデルと同様に，市場の代表的経験則の再現や PUCK モデルとの対応関係を示し，2 体の確率論的ディーラーモデルでは，価格変動のべき乗則に対して厳密解を導出した[52)]。2010 年の山田らの論文[57)]では，ディーラー数が 3 以上の場合の確率論的ディーラーモデルの性質をシミュレーションによって調べ，2012 年の松永らの論文[58)]では，スプレッドが過去の価格変動に依存して変化する効果，ディーラーのポジション管理と損切り効果を新たに導入し，政府による介入時の価格変動の再現を行っている。

2012 年の由良らの論文[59)]では，価格変動の上昇下降を 2 値化し，その連続性を定量化する連検定の性質を，過去のトレンドを用いて先読みする時間スケールを複数用意することで再現している。2016 年の濱野らの論文[60)]では，ディーラーの資産が有限な場合の解析を行い，時間の経過とともにある決まった価格（平衡価格）に漸近していくことを示した。

2018 年の金澤らの論文[27),61)]では，円ドル市場内で最も大きなシェアを占める EBS 市場でのディーラーの注文行動履歴データから，実際に高頻度取引ディーラーがトレンドフォロー行動をとっていることを確認し，多体の確率論的ディーラーモデルを用いて，板情報の形状や価格変動のべき乗則が再現されることを解析的に示している。

2〜4 章では，2012 年の松永の論文までの結果をおもに紹介する。まず，2.2.1 項で最も単純な市場取引のモデル（第一決定論モデル）を紹介し，2.2.2 項の第二決定論モデルでは，この第一決定論モデルに取引間隔のフィードバック効果（自己変調効果）を導入し，2.2.3 項の第三決定論モデルでは，第一決定論モデルに価格変動のフィードバック効果（トレンドフォロー効果）を加え，最後に，2.2.4 項の第四決定論モデルで，第二決定論モデルと第三決定論モデルを組み合わせる[51)]。**スライド 2.1** にモデル構築の流れを示す。

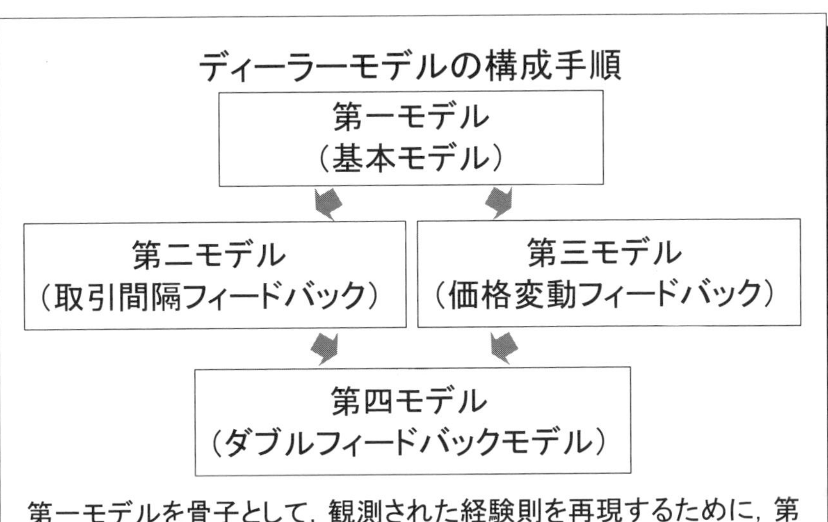

スライド **2.1**　決定論的ディーラーモデル構築のフローチャート（3.1 節の確率論的ディーラーモデルでも同様の手順でモデルを改良する）

また，3.1 節では，より単純化された確率論的ディーラーモデル[52)] を新たに提案し，シミュレーションだけでなく解析的なアプローチを行い，4.1 節では，ディーラーモデルと PUCK モデルとの関係を明らかにする。PUCK モデルは，ディーラーモデルと同じように代表的な市場の統計性をすべて再現する時系列モデルである。さらに，4.2，4.3 節では，ディーラーにどのような性質が備わると暴落が発生するかの解説や政府の介入事例の再現を行う。

2.2　決定論的ディーラーモデルによる統計性の再現

2.2.1　第一決定論モデルの性質

以下の決定論的ディーラーモデルでは，円ドル市場に対し，N 人のディーラーが取引を行っている仮想市場を考える。外国為替市場で取引を行う際，各ディー

ラーは市場に指値を提示する。指値には，自分がいくら以上で売りたいという売り値（アスクプライス）と，いくら以下で買いたいという買い値（ビッドプライス）があり，決定論的ディーラーモデルでは，i 番目のディーラーの買い値を p_i で表記する。このとき，売り値は買い値 p_i と売り値と買い値の差を表すスプレッド L を用いて p_i+L で定義する。本書では，単純化のために各ディーラーのスプレッド L は一定とした。

第一決定論モデルでは，各ディーラーは買い手または売り手のどちらかになる。買い手のディーラーであれば，取引ができるまで，一定の割合で価格を上げる。逆に，売り手のディーラーは，取引ができるまで，一定の割合で価格を下げる。これらの効果をまとめると，i 番目のディーラーの買い値 p_i のダイナミクスは，以下の微分方程式で与えられる。

$$\frac{dp_i(s)}{ds} = \sigma_i(s)c_i \tag{2.1}$$

σ_i は，時刻 s においてディーラーが買い手か売り手かを表す。

$$\sigma_i = \begin{cases} +1 & （買い手） \\ -1 & （売り手） \end{cases}$$

$c_i(>0)$ は，単位時間当りに i 番目のディーラーが売り値や買い値を変化させる割合を表しており，買い手であれば一定の割合 c_i で買い値を単調に増加させ，売り手であれば単調に減少させる。c_i は初期値として一様乱数でランダムに与えるが，これはディーラーの個性が人それぞれ違うことを反映しており，例えば，c_i が大きなディーラーは，価格を大きく変化させて早く取引しようとするので，せっかちなディーラーといえる。

式 (2.1) によって買い値や売り値を変化させることにより，各ディーラーの買い値 p_i は時間とともに散らばっていく。その結果，以下の不等式を満たしたときに取引が成立する。

$$\max\{p_i(s)\} \geqq \min\{p_j(s)+L\} \tag{2.2}$$

ここで $\max\{p_i(s)\}$ は，時刻 s における全ディーラーの買い値の最大値を表し，$\min\{p_j(s)+L\}$ は売り値の最小値を表す。取引は最も高い買い値を提示した

ディーラーと，最も安い売り値を提示したディーラーが取引できるものとし，その取引価格は両者の中間値，すなわち $[\max\{p_i\} + \min\{p_j + L\}]/2$ とする。

本モデルでは，ディーラーは最小単位量で取引し，取引後には，売り手だったディーラーは買い手になり，買い手だったディーラーは売り手になる。**スライド 2.2** は，ディーラーが 2 人の市場の時間発展を表した概略図である。**スライド 2.3** の上段の時系列は，スライド 2.2 で示したディーラー数が 2 人の市場価格の変動である。ディーラー数が 2 人のときは振動を繰り返すだけであるが，スライド 2.3 に示すように，ディーラー数が 3 人になると周期性は消え，価格の時系列は不規則な変動を示している。

実市場に近づけるためにディーラー数をさらに多くし，シミュレーションを行った結果と実データの比較を**スライド 2.4** と**スライド 2.5** に示す。シミュレーションを行う際は，式 (2.1) の微分方程式を離散化して時間発展させ，時間

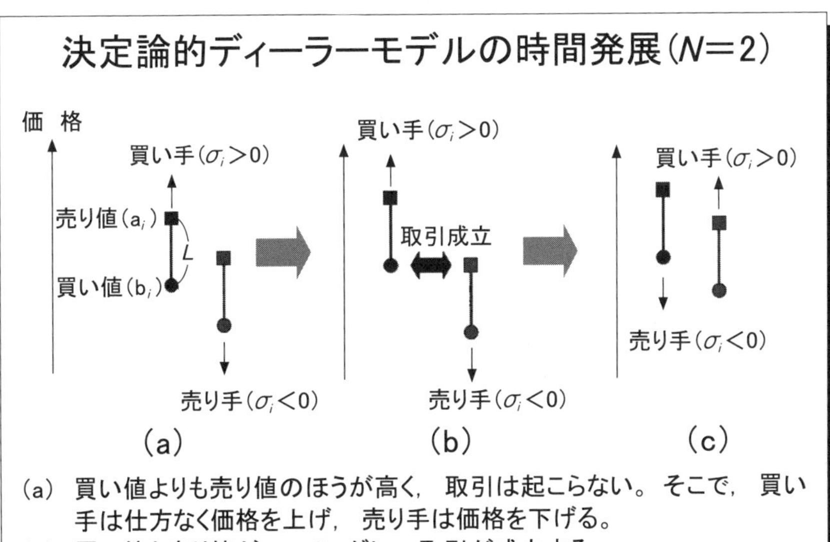

スライド 2.2　決定論的ディーラーモデルの時間発展（$N = 2$）の概念図

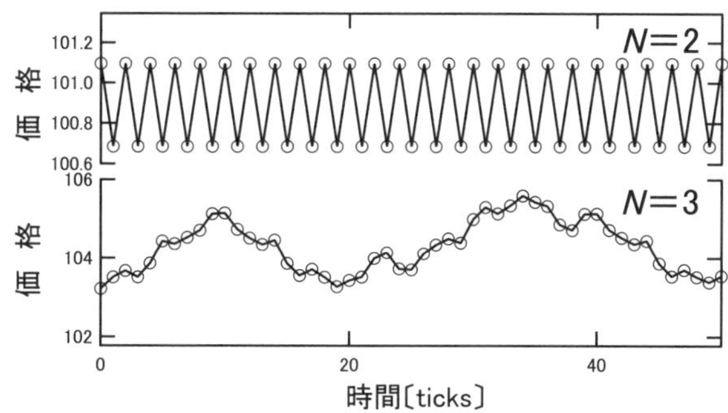

N=2 : 周期的な価格変動　N=3 : カオス的な価格変動

スライド **2.3**　決定論的ディーラーモデルの価格変動（$N = 2, 3$）の例

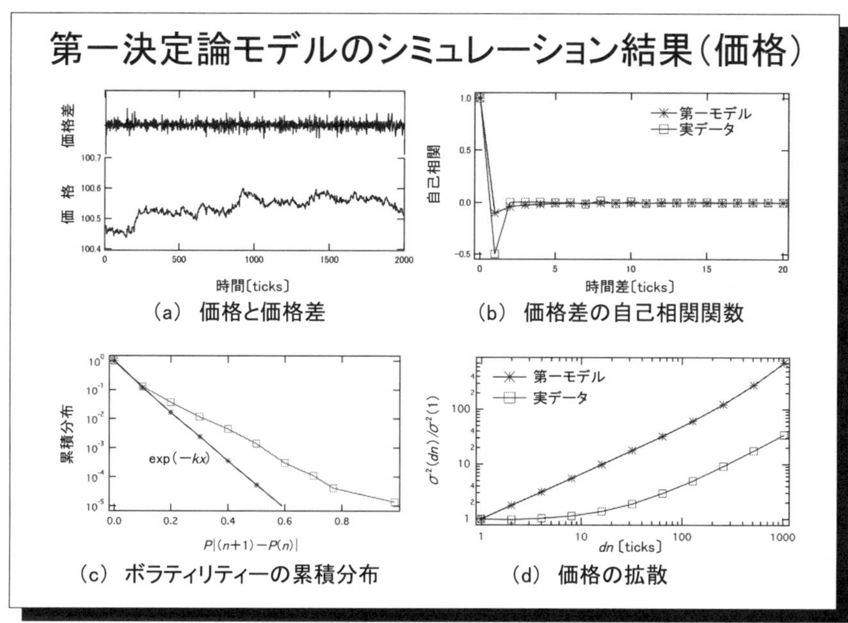

スライド **2.4**　第一決定論モデルのシミュレーション結果（価格）

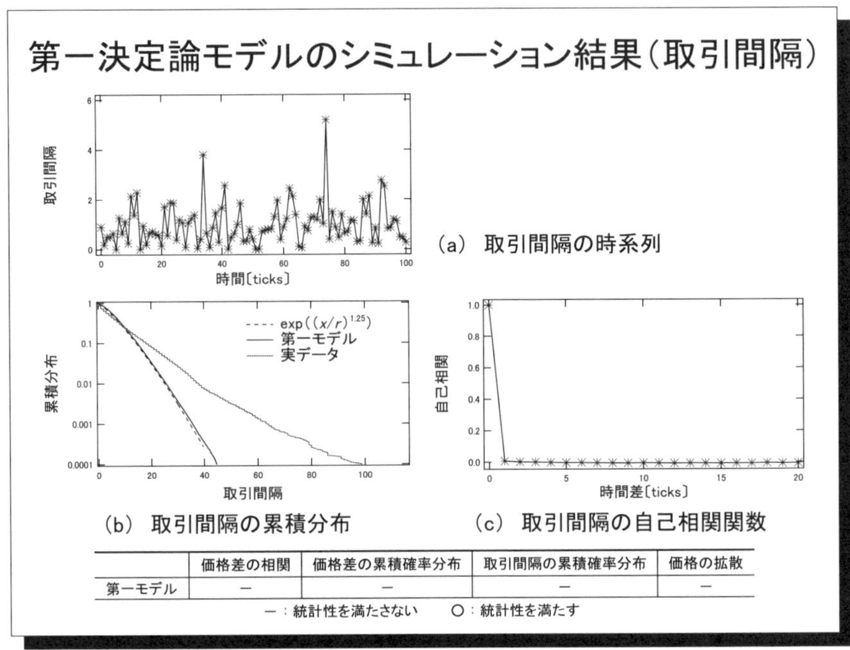

スライド 2.5　第一決定論モデルのシミュレーション結果（取引間隔）

の刻み幅は $\Delta s = 0.01$ とする。パラメータは N（ディーラー数）=300，L（スプレッド）=1.0，c_i（単位時間当りの変化量）$= [0.010, 0.020]$ とし，買い値の初期値 $p_i(0)$ は $[100, 100 + L]$ の間で一様に分布させた。以下で示す統計性は，初期値を 10 回変化させ，各初期値に対して，100 000 ティック間観測した結果である。

スライド 2.4 (a) は，ある 2 000 ティック間の価格と価格差の時系列である。ディーラーの動きは完全に決定論的であるが，価格の時系列はランダムウォークに近い振舞いをする。価格がほぼランダムに動いていることは，スライド (b) の価格差の自己相関関数が 1 ティック目にほぼ 0 に収束することからもわかる。ここで，自己相関関数は式 (1.3) で定義される。

ボラティリティー（価格差の絶対値）の累積分布は，スライド (c) のように片対数プロットに対してほぼ直線なので，指数分布に従っていることがわかる。

これは，価格差の分布がべき分布になるという市場の統計性を再現しない。ここで，シミュレーションの価格差は，実データと比較するために実データと同じ平均値に規格化されている。

スライド 2.4 (d) は価格の拡散であり，シミュレーションはほぼランダムウォークと同じ振舞いを示し，実データのように短い時間スケールで，ランダムウォークと比較して遅い拡散を持つという性質を再現していない。

スライド 2.5 (a) は 100 ティック間の取引間隔を表している。スライド (b) は取引間隔の累積分布であり，ほぼ $\exp(-kx^{1.21})$ の拡張指数分布に従っていることがわかる。シミュレーションの取引間隔の累積分布も価格差の累積分布同様に，実データの平均値に規格化されている。スライド (c) は取引間隔に対する自己相関関数を観測した結果であり，1 ティック目で 0 に収束するので，これはポアソン過程に近い過程である。まとめると，第一決定論モデルは，価格差や取引間隔に対してランダムな時系列を生成するノイズ発生器になっており，価格差の自己相関関数，価格差の分布，取引間隔の分布において，実データから観測される統計的性質とは異なることがわかる。

2.2.2 第二決定論モデルの性質

第二決定論モデルでは，取引間隔にスポットを当てる。1.4.2 項で見たように，時間とともに平均取引間隔が伸び縮みしている。これは取引が盛んになると，ディーラーが自分も取引に早く参加しようとするためであると考えられる。第二決定論モデルでは，この効果を導入するために，第一決定論モデルの時間軸 s から新たに実時間に対応する時間軸 t を作る。

第一決定論モデルの取引間隔 S_l はスライド 2.5 (a) で自己相関関数が 0 になることからわかるように，ほぼ独立であり，スライド (b) のように累積分布のテール部分は拡張指数分布に従う。そこで，擬似的なポアソン過程を生成するために取引間隔の時系列 $\{S_1, S_2 \cdots, S_l, \cdots\}$ に対して，$\Bigl\{(S_1)^\alpha / \overline{S_k^\alpha}, (S_2)^\alpha / \overline{S_k^\alpha}, \cdots, (S_l)^\alpha / \overline{S_k^\alpha}, \cdots\Bigr\}$ という時系列を作る。ここで，$\overline{a_k}$ は a_k の k に対する平均を表す。

スライド **2.6** (a) に，第一決定論モデルの取引間隔 (S_l) の累積分布と $\alpha = 1.21$ で規格化された取引間隔 $(S_l)^\alpha / \overline{S_k^\alpha}$ の累積分布を示す。スライド (b) には $(S_l)^\alpha / \overline{S_k^\alpha}$ の自己相関関数を示す。スライド 2.6 より，$(S_l)^\alpha / \overline{S_k^\alpha}$ は平均値 1 の指数分布にほぼ従い，無相関なことから，式 (1.2) の μ_l に対応するので，$(S_l)^\alpha / \overline{S_k^\alpha} = \mu_l$ である。式 (1.2) の関係を用いれば

$$\frac{S_l^\alpha}{\overline{S_k^\alpha}} = \frac{I_l}{\langle I_l \rangle_\tau} \tag{2.3}$$

となる。

取引間隔 S_l と新しく作られた取引間隔 I_l は，それぞれの時間軸の刻み幅 Δs, Δt と，整数 n_l を用いて $S_l = n_l \Delta s$, $I_l = n_l \Delta t$ と書け，これを式 (2.3) に代入すると，第二決定論モデルにおける各ディーラーの買い値のダイナミクス，新たな時間軸 t と第一決定論モデルの時間軸 s の関係は，それぞれ

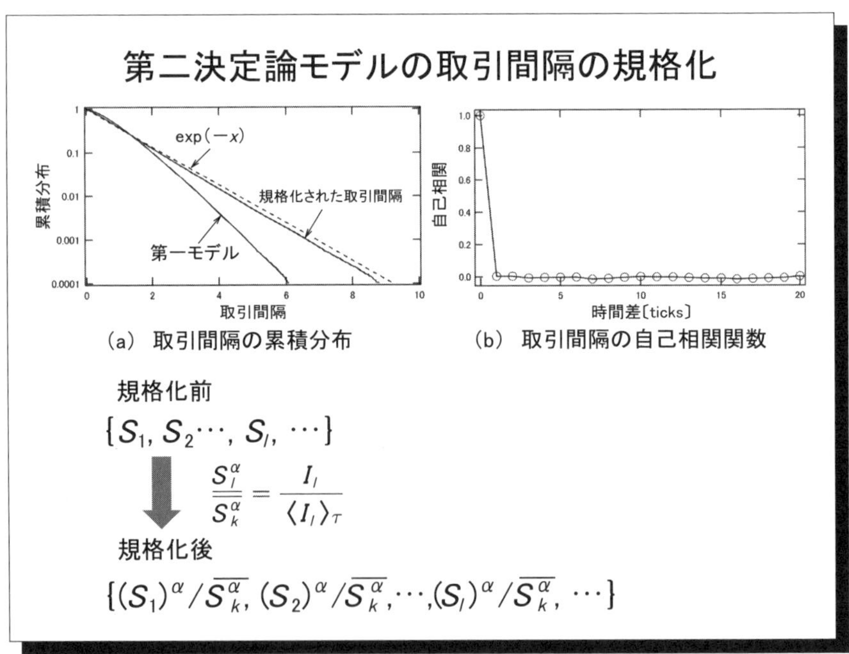

スライド **2.6**　第二決定論モデルの取引間隔の規格化

$$\begin{cases} \dfrac{dp_i(s)}{dt} = \dfrac{1}{G_l\langle I_l\rangle_\tau}\sigma_i(s)c_i \\ dt = G_l\langle I_l\rangle_\tau ds \end{cases} \tag{2.4}$$

と書くことができる。ここで，$G_l = (S_l)^{\alpha-1}/\ \overline{S_k^\alpha}$ である。移動平均 $\langle I_l\rangle$ については，$\langle I_l\rangle < 5$ のときは $\langle I_l\rangle = 5$，$\langle I_l\rangle > 30$ のときは $\langle I_l\rangle = 30$ とする閾値を設けた。この閾値は，取引間隔が極端に短くなったり長くなりすぎたりしないことを意味している。

スライド **2.7** に第二決定論モデルのシミュレーション結果を示す。パラメータは N（ディーラー数）=300，L（スプレッド）=1.0，c_i（単位時間当りの変化量）= [0.010, 0.020] とし，ビッドプライスの初期値 $p_i(0)$ は，$[100, 100+L]$ の間で一様に分布させた。また，$\langle I_l\rangle_\tau$ の τ は 150 に設定し，初期値を 10 回変化させ，各初期値に対して，100 000 ティックのシミュレーションを行った。

第二決定論モデルのシミュレーション結果（取引間隔）

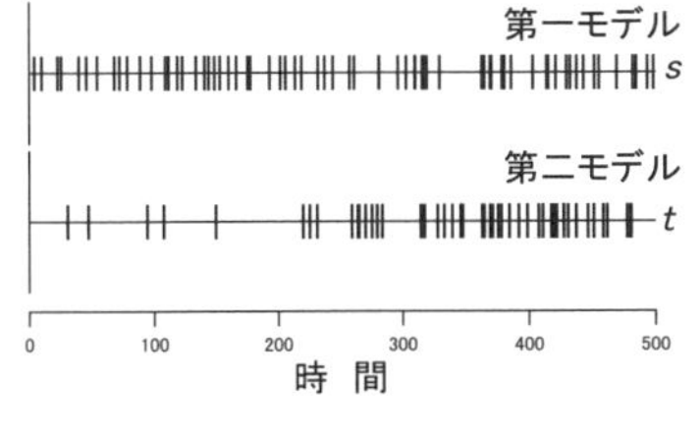

(a)　取引発生の点過程の比較

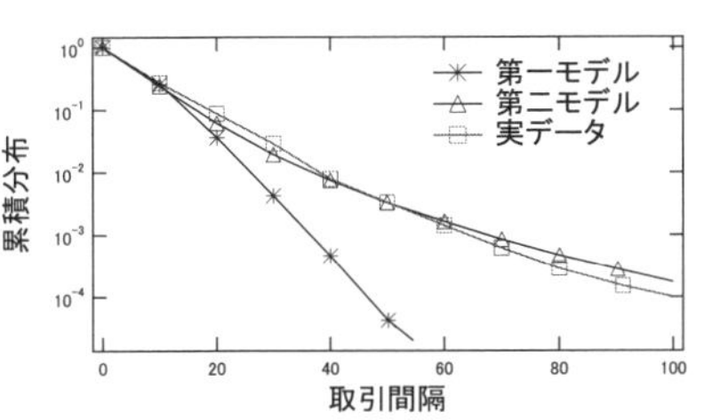

(b)　取引間隔の累積分布

	価格差の相関	価格差の累積確率分布	取引間隔の累積確率分布	価格の拡散
第二モデル	ー	ー	○	ー

ー：統計性を満たさない　　○：統計性を満たす

スライド **2.7**　第二決定論モデルのシミュレーション結果（取引間隔）

スライド 2.7 (a) の横軸は，第一決定論モデルの時間軸 s と第二決定論モデルの時間軸 t であり，取引が起こったごとに「 | 」の印を付けてあり，印と印の間隔が取引間隔に対応する。第一決定論モデルの時間軸 s 上での取引間隔はランダムであるのに対し，第二決定論モデルの時間軸 t 上での取引間隔は，0～300 付近では非常に長く間隔があいている。また，300 以降は間隔が詰まっており，これは，頻繁に取引が起こっていたことを示している。その結果，スライド (b) のように取引間隔の累積分布の裾野が伸び，実データとよく一致した結果を得る。この第二決定論モデルで加えた効果は取引間隔のみに影響するので，価格に対する統計性は第一決定論モデルと変わらない。つまり，スライドの表に示すとおり，第二決定論モデルでは取引間隔の累積分布を再現した。

2.2.3 第三決定論モデルの性質

第三決定論モデルでは，価格差に焦点を当てる。第一決定論モデルでは，価格差の累積分布はスライド 2.4 (c) のように指数分布であり，価格の分布がファットテールを持つという実市場の統計性を再現していない。ここでは，過去の価格変動が将来の需給に影響を与えているという経験的事実をもとに，第一決定論モデルに価格変動のフィードバック効果を加える。これは，ディーラーが価格変動のトレンドを追いかけたり，逆にトレンドとは逆の値付けをする先読みの効果であり，ディーラーが取引をするうえで最も重要な戦略といえる。

ディーラーが行う先読みの効果は，第一決定論モデルの式 (2.1) に，過去 k ティック間の価格差の移動平均に比例する項を加えることで再現できる。

$$\frac{dp_i(s)}{ds} = \sigma_i(s)c_i + d_i\langle dP\rangle_k \tag{2.5}$$

ここで，$\langle dP\rangle_k$ は

$$\langle dP\rangle_k = \sum_{j=1}^{k}\frac{w_j}{W}dP_j \tag{2.6}$$

である。第三決定論モデルでは，ティック時間での移動平均を考える。dP_j は j ティック前の価格差であり，$dP_j = P(n-j) - P(n-(j-1))$ で定義される。

w_j は j 番目の重みを示し，W は規格化定数で $W = \sum w_j$ である。w_j の重み付けの意味は，w_j を j に関しての減少関数とすれば，これはディーラーが近い過去ほど重要視することを意味している。d_i は過去のトレンドに対するディーラーの応答を意味し，本モデルでは一定の値，または，ある決められた範囲内でランダムに与えられる。実市場では，過去の価格変動に対するディーラーの応答は個別性があると考えられるので，ランダムに与えられたモデルのほうがより実市場に近いモデルである。$d_i > 0$ であれば，過去の変動のトレンドを追随する。このディーラーは価格が上がっていればさらに上がると予想しているディーラーであり，市場では，このような戦略を**順張り**と呼ぶ。逆に価格が上がっているときにそろそろ下がるだろうと予想するディーラー（$d_i < 0$）は**逆張り**と呼ばれる。

パラメータを N（ディーラー数）=300, L（スプレッド）=1.0, c_i（単位時間当りの変化量）$= [0.010, 0.020]$ とし，ビッドプライスの初期値 $p_i(0)$ は $[100, 100+L]$ の間で一様に分布させた。また，先読みの効果を表すパラメータ d_i は各ディーラー一定とし，$d_i = 0.5$ とした。第三決定論モデルでは，単純化のために，移動平均 $\langle dP \rangle$ は $\langle dP \rangle = P(n) - P(n-1)$ と 1 ティック前との価格差に設定した。上記のパラメータで，初期値を 10 回変化させ，各初期値に対して，100 000 ティック間観測した価格変動の統計性を**スライド 2.8** と**スライド 2.9** に示す。

スライド 2.8 (a–1) は価格と価格差の時系列である。すべてのディーラーのパラメータを $d_i > 0$ で一定とすると，すべてのディーラーがトレンドを追いかけ，価格はトレンドを持ち，前の価格変化と同じ方向に動きやすくなり，時系列は不安定になる。また，価格が前の値動きと同じ方向に動きやすいことは，スライド (b–1) のように自己相関関数も 1 ティック目に正の相関をとっていることからも明確にわかる。今度は，パラメータ d_i を $d_i < 0$ としてシミュレーションを行うと，時系列はスライド (a–2) のようにある価格帯に留まる傾向を持ち，$d_i > 0$ に比べて安定する。このとき，価格差の自己相関関数は，実データと同じように 1 ティック目で負の相関をとる。しかし，d の絶対値が大きい

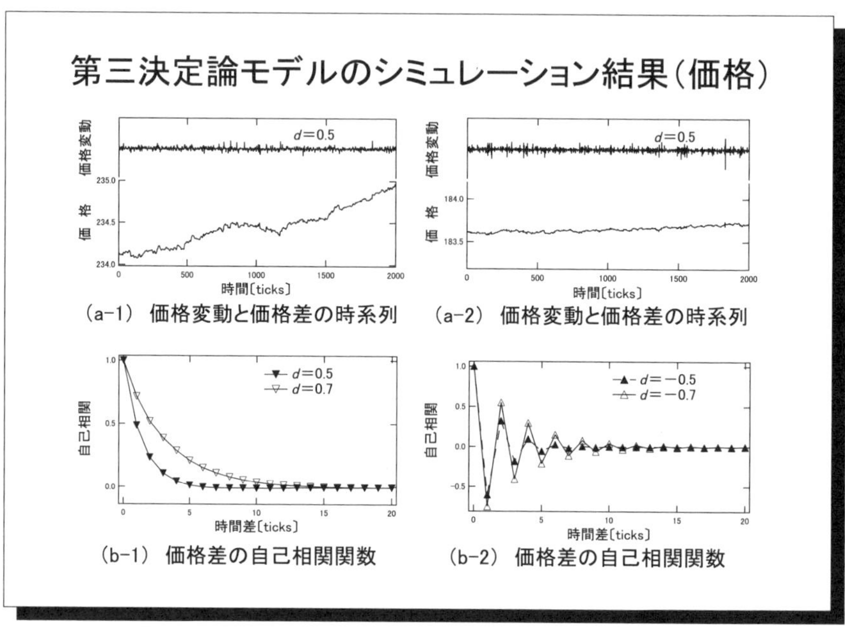

スライド **2.8**　第三決定論モデルのシミュレーション結果（価格）

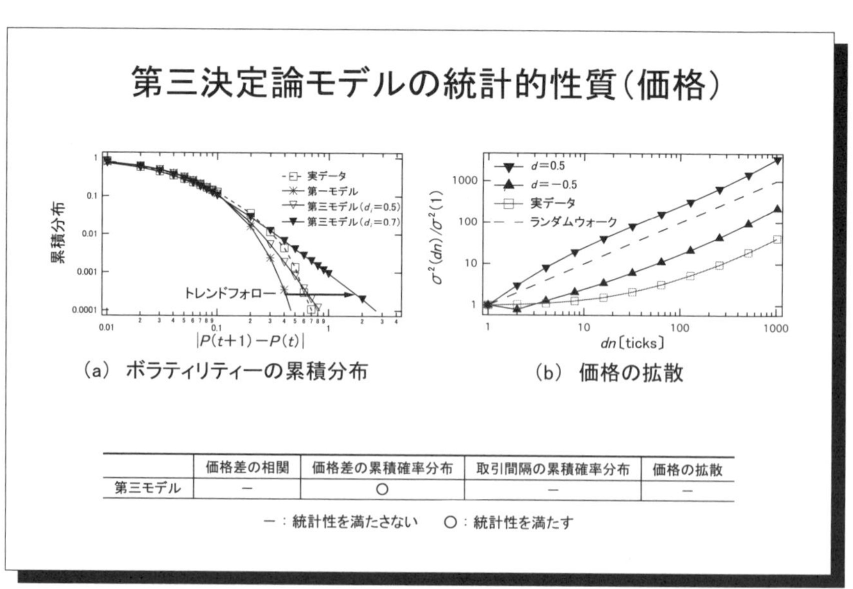

	価格差の相関	価格差の累積確率分布	取引間隔の累積確率分布	価格の拡散
第三モデル	−	○	−	−

−：統計性を満たさない　○：統計性を満たす

スライド **2.9**　第三決定論モデルの統計的性質（価格）

ほど，ディーラーは前の価格変化を増幅するので自己相関関数は振動する。先読みのパラメータ d_i と時系列の安定性の関係については 4.1 節の「ディーラーモデルと PUCK モデルの関係」でさらに議論する。

スライド 2.9 (a) には，第一決定論モデル（$d_i = 0$）と $d_i = 0.5, 0.7$ の累積分布を示す。価格追随効果を加えると，価格変化を増幅させ，ときに大きな価格変動を生むようになり，価格差の累積分布の裾野が広がり，実データに近い分布を再現できる。また，分布の傾きはパラメータ d_i に依存する。

取引間隔は，パラメータ d_i を各ディーラー一定としたとき，式 (2.5) の価格追随を表す項 $d_i \langle dP \rangle_k$ は全員共通となり，第三決定論モデルの取引間隔は，第一決定論モデルのスライド 2.5 で示した結果と共通した性質を持つ。

スライド 2.9 (b) は価格の拡散である。第三決定論モデルの拡散は先読みの効果により，短い時間スケールで異常拡散が観測される。まとめると，スライド (b) の下段に示すとおり，第三決定論モデルの取引間隔の統計性は，第一決定論モデルと同じであり，統計的性質を再現することはできないが，価格差の累積分布は，$d_i = 0.5$ のとき，実データとほぼ一致する。

$d_i = d$（一定）のとき，つまり，ディーラーの戦略がみな同じ場合，第三決定論モデルの価格差の時間発展は，以下の過程で近似できることが佐藤らによって示されている[50)]。

$$\Delta P(n) = d \cdot I(n) \langle \Delta P \rangle + F(n) \tag{2.7}$$

ここで，n はティック時間であり，$\Delta P(n)$ は価格差を表し，$I(n)$ は取引間隔を表す。d はディーラーの先読みの効果を表すので，式 (2.7) 右辺第 1 項の $d \cdot I(n) \langle \Delta P \rangle$ は，ディーラーが先読みする効果によって動いた価格であり，取引間隔が長いほど，そして，過去の移動平均の値が大きいほど，つぎの価格変動 $\Delta P(n)$ は大きくなる。一方，第 2 項の $F(n)$ は買い手のディーラーが価格を上げ，売り手のディーラーが価格を下げることによって生まれる価格変化であり，第一決定論モデルによる価格変化と同値である。つまり，第一決定論モデルのときの価格変化の過程は，式 (2.7) において $d = 0$ に対応しており，このとき，価格差の絶対値（ボラティリティー）の分布は指数分布に従っていた（スライド 2.4 (c)）。これより，式 (2.7) の $d \cdot I(n)\langle \Delta P \rangle$ の項，言い換えれば，ディーラーの先読みの効果が市場のゆらぎを増幅させ，価格差の分布は指数分布からべき分布に遷移したことが示される。また，ディーラーが過去 1 ティックのみを用いて先読みを行うとき，価格差の分布のべき指数 β は

$$|d|^{\beta} \cdot \langle I^{\beta} \rangle = 1 \tag{2.8}$$

を満たす β で近似される[50)]。

2.2.4 第四決定論モデルの性質

最後に，第二決定論モデルと第三決定論モデルの両方の効果を取り入れた第四決定論モデルを作る。このとき，ディーラーの買い値のダイナミクスは以下のように与えられる。

$$\begin{cases} \dfrac{dp_i(s)}{dt} = \dfrac{1}{G_l \langle I_l \rangle_\tau} \left(\sigma_i(s) c_i(s) + d_i \langle dP \rangle_\eta \right) \\ dt = G_l \langle I_l \rangle_\tau ds \end{cases} \tag{2.9}$$

市場価格のティックデータを用いた研究により，ディーラーが過去 150 秒程度を参考に取引していることや，その重みが指数的に減衰することがわかってきている[62)]。そこで，第四決定論モデルでは，第三決定論モデルの式 (2.6) の移動平均を実時間に対応する時間軸 t を用いた形式に定義し直す。

$$\langle dP \rangle_\eta = \sum_{t=1}^{\eta} \frac{w_j}{W} dP_j \tag{2.10}$$

重み関数 w_j は，j に対して指数的に減少する関数 $w_j = \exp(-0.3j)$ とし，移動平均をとる長さは $\eta = 150$ とした。つまり，ディーラーは過去 150 秒程度の移動平均を参考に先読みをするモデルである。第四決定論モデルのシミュレーションは，以下のパラメータを用いて行った。N（ディーラー数）=300，L（スプレッド）=1.0，c_i（単位時間当りの変化量）$= [0.010, 0.020]$ とし，ビッドプライスの初期値 $p_i(0)$ は $[100, 100 + L]$ の間で一様に分布させた。また，先読

みの効果を表すパラメータ d_i は，$d_i = [-3.5, -1.5]$ とした。d_i をばらつかせることは，各ディーラーによって先読みが異なることを表している。上記のパラメータで，初期値を 10 回変化させ，各初期値に対して，100 000 ティック間観測した結果の統計性を**スライド 2.10** と**スライド 2.11** に示す。

スライド 2.10 (a) は価格と価格差の時系列である。第一決定論モデルの時系列であるスライド 2.4 (a) と比べると，ボラティリティークラスタリングと呼ばれる，大きな変動がかたまって出やすい性質が見られる。また，価格差の時系列は，$\Delta P = 0$ に対して線対称に近い振舞いをしており，実データもこれに近い。この振舞いは，スライド (b) に示した，価格差の自己相関関数が 1 ティック目に負の相関をとった後 0 に収束するという統計性に反映されている。つまり，1 ティック目には強い負の相関をとるので，大きな変動の後にはそのつぎの取引も同じく大きな変動をとりやすい。ただし，負の相関なので，変動の向

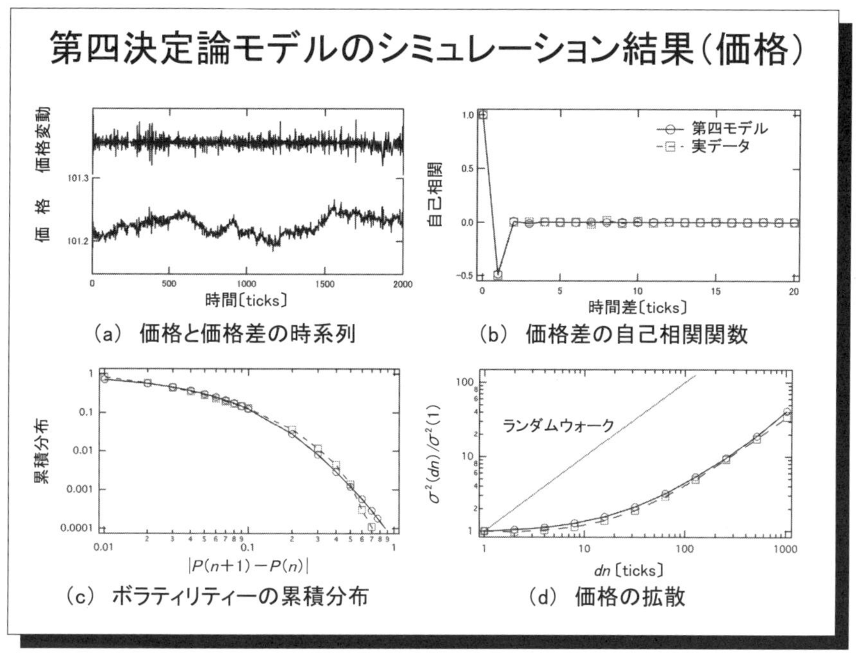

スライド **2.10** 第四決定論モデルのシミュレーション結果（価格）

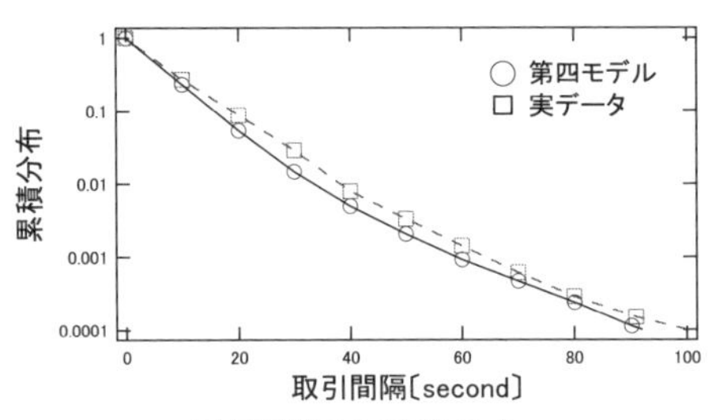

取引間隔の累積分布

	価格差の相関	価格差の累積確率分布	取引間隔の累積確率分布	価格の拡散
第一モデル	－	－	－	－
第二モデル	－	－	○	－
第三モデル	－	○	－	－
第四モデル	○	○	○	○

－：統計性を満たさない　○：統計性を満たす

スライド 2.11　第四決定論モデルのシミュレーション結果（取引間隔）

きは前の変動とは逆向きである傾向が強く，価格差の時系列は $\Delta P = 0$ に対して対称的になる。

スライド (c) に示した，ボラティリティーの累積分布が実データとほぼ一致するのは，第三決定論モデルで示した価格追随の効果によるものである。第四決定論モデルでは，価格先読みの効果を表すパラメータ d_i を第三決定論モデルのように，一様ではなく，ある範囲内で分布させている。d_i をばらつかせると，各ディーラーが付ける価格は散らばり，取引が起こる間隔は d_i を一定としたときよりも短くなる。

スライド 2.11 に示したとおり，取引間隔に関しても実データと非常によく合うのは，第二決定論モデルの効果が入っているためである。このように，取引間隔の実市場の時間スケールとシミュレーションの時間スケールはほぼ一致しているので，第四決定論モデルでは，各ディーラーの価格の先読みに使う移動平均をティック時間ではなく，実時間に対してとる。この結果，時間によって異なる長さの移動平均をとることにより，例えば，取引間隔が広くなると，移動平均をとる数は減り，逆に取引間隔が短い時間帯が続くと，移動平均をとる数が増える。移動平均 $\langle dP \rangle$ は価格差に対しての移動平均なので，平均的には移動平均をとる数が多くなるほど，その値は小さくなる。つまり，モデル中では以下のようなことが起こると考えられる。取引間隔が長くなってくると，移動平均をとる数が減り，時々移動平均 $\langle dP \rangle$ の値が大きくなり，その結果，大きな変動が起こる。この影響により，ほかのディーラーが動かす価格も大きくなる。価格を大きく動かすと，取引の起こる頻度は増し，取引間隔は短くなる。その結果，移動平均 $\langle dP \rangle$ の値は小さくなり，大きな変動に対する反応が緩和されていく。

このような現象は，実データからも見ることができる。スライド 1.2 の物理時間で示した価格変動を見ると，200 秒付近までは比較的落ち着いて変動している。しかし 200 ティック付近の大きな変動をきっかけに間隔が狭まり，300 秒付近まで大きな変動が続き，その後はまた取引間隔が開く。このゆらぎがニュースなど外的なものなのか，それともディーラーたちの駆け引きなどによる内的なものかを断定することは，現段階では難しいが，このようなゆらぎが市場には存在するので，第四決定論モデルのゆらぎの統計性が実市場の統計性に近くなったと考えられる。

さらに，式 (1.7) で定義される価格の拡散（$\sigma(\Delta u)$）もスライド 2.10 (d) のように，実データと一致する。このように，第四決定論モデルは幅広い統計性を再現しているので，市場のディーラーは，第四決定論モデルの設定と近い行動をしていると推測される。

スライド 2.10 で示した結果は，先読みのパラメータ d_i を $d_i = [-3.5, -1.5]$ と設定しており，これが市場の統計性を再現しているので，基本的にディーラーは，過去の価格付近で取引を行おうとしていると推測される。ただし，いつも安定した価格で取引をしていては，利ざやを稼ぐことができないので，実際のディーラーは時間とともに戦略を変えていると考えられる。つまり，d_i を時間の変数としてモデルを拡張することが考えられる。しかし，本節ではパラメータを時間的に変化させるのでなく，それぞれ順張り，逆張りと分けることで，順張り（$d > 0$）と逆張り（$d < 0$）の効果に限定し，特に第三決定論モデルで論じた。時間的に依存するパラメータ d_i を作るには，d_i をどのように変化させるかを決めなければならないが，この点に関しては 4.1.5 項で論じる。

スライド 2.11 に第一～第四決定論モデルによる為替市場における経験則の再現結果の比較を示す。第四決定論モデルでは，市場において取引が盛んになったときに自分も取引をしようとする効果（第二決定論モデル）と，ディーラーが過去の価格変化をもとに未来の価格を先読みする効果（第三決定論モデル）を加えた。これにより，取引間隔や価格差が第一決定論モデルで得られた，ランダムな過程とは異なる振舞いをし，市場のゆらぎをよく再現するモデルを構築することができた。

3章 確率論的ディーラーモデルによる金融市場のシミュレーション

◆本章のテーマ

確率論的ディーラーモデルの構築方法とその性質を，シミュレーションと理論解析の両面から紹介する。確率論的ディーラーモデルも決定論的ディーラーモデルと同様，骨子となる最も単純なモデルを最初に紹介し，徐々に新たな効果を加えることで，観測された統計性を再現する。

◆本章の構成（キーワード）

◆本章を学ぶと以下の内容をマスターできます

☞　確率論的ディーラーモデルの構築方法

☞　確率論的ディーラーモデルによる為替市場から観測される統計性の再現方法

☞　確率論的ディーラーモデルの性質

3.1 確率論的ディーラーモデルによる統計性の再現と理論解析

本章では，確率論的ディーラーモデルを紹介する。決定論的ディーラーモデルでは，初期値を与えると時間発展は一意に決まったが，確率論的ディーラーモデルでは，ディーラーの指値の時間発展に確率変数を含み，時間発展は一意ではない。

モデルの構築方法は，決定論的ディーラーモデルの場合と同じく，始めに最も単純なモデル，第一確率論モデルを提案する。第一確率論モデルでは，各ディーラーの指値の運動はランダムウォークに従い，時間とともに拡散する。決定論的ディーラーモデルでは，スライド 2.3 に示したように，ディーラー数が 2 人（$N = 2$）のときは価格が振動するだけの市場になってしまい，価格がゆらぐためには，少なくとも 3 人以上は必要であった。一方，確率論的ディーラーモデルは，ディーラーが 2 人の場合でも価格，取引間隔ともにゆらぎ，その性質は決定論的ディーラーモデルの $N > 3$ の統計性ときわめて近い。また，ディーラーが市場に 2 人しかいないので，理論的な解析が容易になり，第一確率論モデルの価格差と取引間隔の確率密度関数やモーメントが厳密に求まる。

確率論的ディーラーモデルも決定論的ディーラーモデルと同様に，第一確率論モデルでは実市場から観測される統計性を再現することはできない。そこで，スライド 2.2 の決定論的ディーラーモデルの場合と同様に，取引間隔と価格差のフィードバックの効果を加える。つまり，過去の取引間隔や価格変動が現在のディーラーの行動に影響を与え，この効果により，取引間隔の累積分布が指数分布よりも広い裾野を持つ性質や，価格差の分布がべき分布に従う性質を再現する。

3.1.1 第一確率論モデルの性質（ディーラー数 = 2 の場合）

本項では，確率論的ディーラーモデルの枠組みとなる第一確率論モデルを提案する。最も基本となるモデルを考えるためにディーラー数が 2 人（$N = 2$）の人工市場を考える。決定論的ディーラーモデルでは，市場価格や取引間隔がゆらぐためには市場内にディーラーが 3 人以上必要であったが，確率論的ディーラーモデルでは，ディーラーが 2 人の市場でも市場価格や取引間隔が自明でないゆらぎを持つ。

確率論的ディーラーモデルの指値の時間発展は，決定論的ディーラーモデルとは異なるが，市場価格決定のメカニズムは決定論的ディーラーモデルと同じであり，以下のように設定される。市場内のディーラーは，決定論的ディーラーモデルと同様に買い値と売り値がセットになった指値をそれぞれ提示する（スライド **3.1**）。簡単化のために，i 番目のディーラーの買い値と売り値の距離 L_i は各ディーラー一定とし（$L_i = L$），時刻 t における i 番目のディーラーの買い値と売り値の中間値を $p_i(t)$ として，以下のように時間発展を定義する。ある時刻 t において各ディーラーの買い値と売り値がマッチングしないとき（スライド (a)）は，取引が成立せず，以下の時間発展方程式に従って，$p_i(t)$ をラン

確率論的ディーラーモデルの時間発展(N＝2)

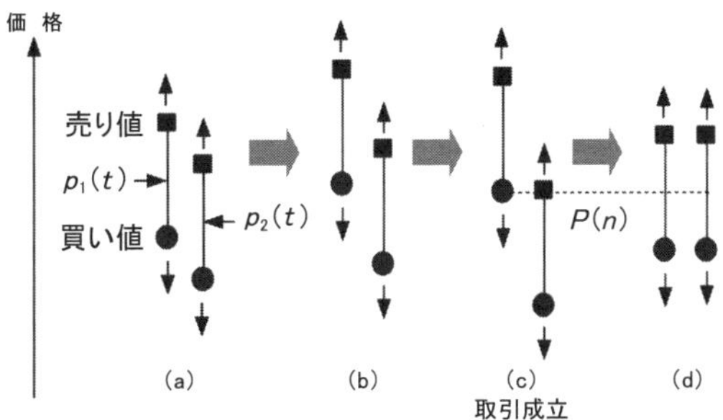

(a)　ディーラーの買い値はもう1人のディーラーの売り値よりも安いために，取引は起きない。
(b)　各ディーラーの指値はランダムウォークに従って時間発展する。
(c)　$p_1(t)$と$p_2(t)$の距離がL以上になると取引が発生する。市場価格は$P(n)=\{p_1(t)+p_2(t)\}/2$で与えられる。
(d)　取引が終わった後，2人のディーラーの指値の中間値は市場価格と同じ値に設定され，再び(a)に戻る。

スライド **3.1**　確率論的ディーラーモデルの時間発展（$N = 2$）の概念図

ダムに変化させる（スライド (b)）。

$$p_i(t+\Delta t) = p_i(t) + cf_i(t) \qquad (i=1,2) \tag{3.1}$$

$$f_i(t) = \begin{cases} +\Delta p & (\text{prob. } 1/2) \\ -\Delta p & (\text{prob. } 1/2) \end{cases}$$

ここで，$f_i(t)$ はノイズであり，確率 1/2 で $+\Delta p$，確率 1/2 で $-\Delta p$ をとり，c はノイズの大きさを決めるパラメータである。

あるディーラーの買い値とほかのディーラーの売り値がぶつかると（スライド (c)）取引が成立し，市場価格 $P(n)$ と取引間隔 $I(n)$ がそれぞれ発生する。n は取引が成立すると 1 ずつ進む時間の単位であり，市場価格と取引間隔はそれぞれ $P(n) = \{p_1(t) + p_2(t)\}/2$，$I(n) = t - t'$ で与えられる。ここで，t' は一つ前の取引が成立した時刻を表す。取引を行ったディーラーは，再び取引を行うために指値の中間値を $p_i(t) = P(n)$ と市場価格に設定する（スライド (d)）。

以上のルールに従ってシミュレーションを行った結果を**スライド 3.2** に示す。必要なパラメータはそれぞれ，$L = 0.01$，$c = 0.01$，$\Delta p = 0.01$，$\Delta t = \Delta p \cdot \Delta p$ と設定した。スライド (a) は市場価格であり，変動に相関なくランダムウォークに従っており，変動の大きさ（ボラティリティー）は，値の大きな領域では指数関数に従っている。スライド (b) は取引間隔であり，ほぼポアソン過程に従っており，価格差同様に無相関で，大きな値の領域で指数分布に従う。

第一確率論モデルの価格差や取引間隔の確率密度関数は，厳密に求めることができる。市場の 2 人のディーラーが価格を変化させている様子は，p_1，p_2 の 2 次元上の 1 点の移動として捉えることができるが，取引間隔と価格差を求めるためには，p_1 と p_2 の距離 $D = p_1 - p_2$ と重心 $G = \{p_1 + p_2\}/2$ のように変数変換を行ったほうが，解析は容易になる。なぜなら，取引が成立する条件は $|D| \geqq L$ であり，市場価格の変化 ΔP は，$\Delta P = \Delta G = G(t) - G(t')$ とそれぞれ一つの変数で与えられるためである。ここで，t は最新の取引が起こった時刻，t' は一つ前の取引が起こった時刻を表す。

$D(t)$ と $\Delta G(t)$ の時間発展は，$D(t)$ と $\Delta G(t)$ の定義と式 (3.1) より

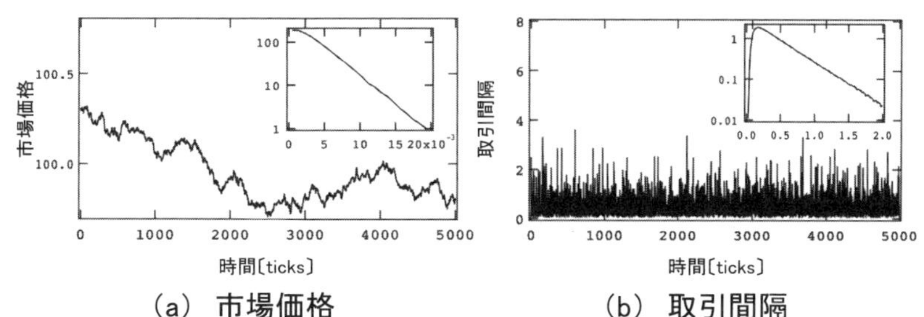

（a） 市場価格　　（b） 取引間隔

・窓グラフはそれぞれ，価格差と取引間隔の確率密度関数を片対数プロットで表したグラフであり，大きな領域ではともに指数減衰を示す。
・パラメータはそれぞれ以下のように設定した。
$L=0.01$, $c=0.01$, $\Delta p=0.01$, $\Delta t=(\Delta p)^2$

スライド **3.2** 第一確率論モデルのシミュレーション結果

$$D(t+\Delta t) = D(t) + \begin{cases} +2c\Delta p & (\text{prob. } 1/4) \\ \pm 0 & (\text{prob. } 1/2) \\ -2c\Delta p & (\text{prob. } 1/4) \end{cases} \tag{3.2a}$$

$$\Delta G(t+\Delta t) = \Delta G(t) + \begin{cases} +c\Delta p & (\text{prob. } 1/4) \\ \pm 0 & (\text{prob. } 1/2) \\ -c\Delta p & (\text{prob. } 1/4) \end{cases} \tag{3.2b}$$

であり，これは**スライド 3.3** に示すように，原点から出発する 2 次元平面上のランダムウォークである。また，取引成立の条件は $D=L$ と $D=-L$ に吸収壁が存在し，吸収されると再び原点から出発する。これは，取引が成立すると，2 人のディーラーの指値の中央値 p_i が同じ市場価格から出発するため（$p_1=p_2$）

第一確率論モデルのΔG–D平面上の時間変化

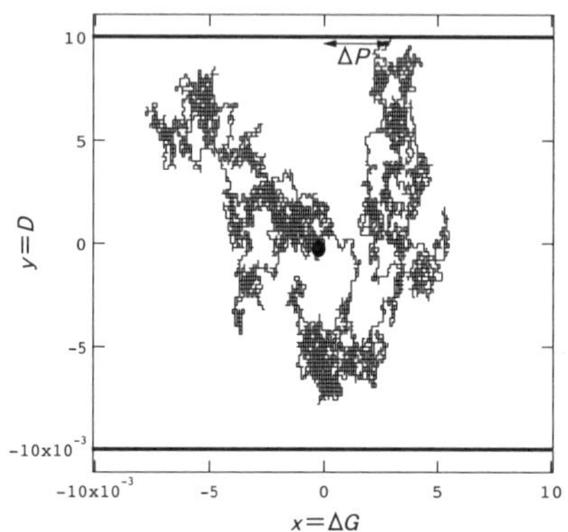

粒子はランダムウォークをしながら拡散し，いずれ吸収壁に到達する。これが取引成立に対応するので，取引間隔は粒子が原点を出発してからの生存時間，価格変化（ΔP）はΔG軸上の移動距離と一致する。

スライド **3.3**　第一確率論モデルの ΔG–D 平面上の時間変化

である。よって，前の取引からつぎの取引までの取引間隔は，粒子が原点を出発してから吸収壁に吸収されるまでの生存時間と同値であり，市場価格の変化は，吸収壁に達したときの ΔG 軸上の移動距離と一致する。

水平軸方向を $x = \Delta G$，垂直軸方向を $y = D$ と書き，理論解を求めるために $\Delta t = (\Delta x)^2 = (\Delta y)^2$ の条件を保ちながら，時間と空間に対して連続極限をとると，時刻 t における (x, y) 平面上の粒子の存在確率 $u(x, y, t)$ の時間発展は，以下の拡散方程式で与えられる。

$$\frac{\partial u(x,y,t)}{\partial t} = c^2 \left(\frac{1}{4} \frac{\partial^2 u}{\partial x^2} + \frac{\partial^2 u}{\partial y^2} \right) \tag{3.3}$$

$$\begin{cases} u(x,y,0) = \delta(x, y-L)\text{：初期条件} \\ u(x,0,t) = u(x,2L,t) = 0\text{：境界条件} \end{cases} \tag{3.4}$$

初期条件はデルタ関数であり，吸収壁は，スライド 3.3 のように y 軸方向のみに存在し，この条件下の解は，以下のように求まる。

$$u(x,y,t) = \frac{1}{cL\sqrt{\pi t}} e^{-\frac{x^2}{c^2 t}} \sum_{n=1}^{\infty} \sin\frac{n\pi}{2} \sin P_n y \cdot e^{-c^2 P_n^2 t} \tag{3.5}$$

ここで，$P_n = n\pi/2L$ である。さらに，式 (3.5) の粒子存在確率 $u(x,y,t)$ から取引間隔の確率密度関数 $Q_1(I)$ と価格差の絶対値（ボラティリティー）の分布 $Q_2(|\Delta P|)$ は以下のように求まる（3.2 節参照）。

$$Q_1(I) = \frac{4}{\pi} \sum_{n=1}^{\infty} \frac{(-1)^{n+1}}{(2n-1)} c^2 P_{2n-1}^2 e^{-c^2 P_{2n-1}^2 I} \tag{3.6a}$$

$$Q_2(|\Delta P|) = \frac{4}{L} \sum_{n=1}^{\infty} (-1)^{n+1} e^{-\frac{(2n-1)\pi}{L}|\Delta P|} \tag{3.6b}$$

I と $|\Delta P|$ が大きな領域では，式 (3.6) において，$n=1$ が支配的になり，I と $|\Delta P|$ の分布は

$$Q_1(I) \propto e^{-\left(\frac{c\pi}{2L}\right)^2 I} \tag{3.7a}$$

$$Q_2(|\Delta P|) \propto e^{-\frac{\pi}{L}|\Delta P|} \tag{3.7b}$$

の指数分布で近似され，時定数はそれぞれ $(2L/c\pi)^2$，L/π であり，シミュレーションの結果と一致する。

取引間隔と価格差に対して，k 次モーメントは式 (3.6) から以下のように厳密に計算可能である。

$$\langle I^k \rangle = \frac{L^{2k} \Gamma(k+1)}{c^{2k} \Gamma(2k+1)} E_k \tag{3.8a}$$

$$\langle |\Delta P|^k \rangle = \frac{4L^k \Gamma(k+1)}{\pi^{k+1}} \beta(k+1) \tag{3.8b}$$

ここで，$\Gamma(x)$ はガンマ関数，E_k はオイラー数であり，$\sec x$ を以下のように展開した際に現れる係数である。

$$\sec x = \sum_{k=0}^{\infty} \frac{E_k x^{2k}}{(2k)!}$$
$$E_0 = 1, \quad E_1 = 1, \quad E_2 = 5, \quad E_3 = 61, \cdots$$

$\beta(k)$ はディィレクレのベータ関数であり，$\beta(k) = \sum_{n=0}^{\infty}(-1)^n/(2n+1)^k$ で定義される。これらの結果を用いると，取引間隔とボラティリティーの平均と分散の解析解は，**表 3.1** で書ける。これらの計算の詳細は 3.2 節にまとめた。

表 3.1　第一確率論モデルの平均値と分散の厳密解

	平均値	分　散
取引間隔（I）	$L^2/2c^2$	$L^4/6c^4$
ボラティリティー（$\|\Delta P\|$）	$4KL/\pi^2$	$(1/4-16K^2/\pi^4)L^2$

* K はカタラン数であり $K=(1/2)\int_0^{\pi/2}(\theta/\sin\theta)\,d\theta$

3.1.2 第二確率論モデルの性質（ディーラー数 = 2 の場合）

決定論的ディーラーモデルと同様に，第一決定論モデルを拡張することにより，取引間隔の分布を再現するモデルを構築する。確率論的ディーラーモデルでは，以下のようにモデルを拡張する。

$$p_i(t+\Delta t) = p_i(t) + c(n)f_i(t) \qquad (i=1,2) \tag{3.9}$$

$$f_i(t) = \begin{cases} +\Delta p & (\text{prob. } 1/2) \\ -\Delta p & (\text{prob. } 1/2) \end{cases}$$

ここで

$$c(n) = \sqrt{\frac{\langle I\rangle_{c=1}}{\langle I\rangle_\tau}} \tag{3.10}$$

式 (3.10) において，$\langle I\rangle_{c=1}$ は表 3.1 で示した取引間隔の平均値 $c=1$ に当たる場合で，$\langle I\rangle_{c=1} = L^2/2$ である。$\langle I\rangle_\tau$ は過去 τ 秒間の取引間隔の移動平均であり，$\langle I\rangle_\tau = 1/N\sum_{k=0}^{N-1} I(n-k)$ によって定義される。この式で，$I(n-k)$ は $n-k$ ティック目の取引間隔であり，N は n ティック目から過去 τ 秒間にあった取引数であり，もし，$I(n) > \tau$ のときは $\langle I\rangle_\tau = I(n)$ とする。式 (3.10) より $\langle I\rangle_{c=1}$ は定数であり，$\langle I\rangle_\tau$ が小さくなると，$c(n)$ が大きくなることがわか

る。つまり，過去 τ 秒間の取引間隔が短いと $c(n)$ が大きくなるため，ディーラーは自分の指値を大きく動かすようになり，より取引が頻繁に発生して，取引間隔もより短くなる傾向が現れる。逆に，過去の取引間隔が長くなり始めると，$\langle I\rangle_\tau$ が大きくなるため $c(n)$ は小さくなる。これは，各ディーラーの指値の変動幅が小さくなることを意味し，取引間隔は長くなる傾向を持つ。この効果は，第一確率論モデルの式 (3.2) を以下のように変える。

$$D(t+\Delta t) = D(t) + \begin{cases} +2c(n)\Delta p & (\text{prob. } 1/4) \\ \pm 0 & (\text{prob. } 1/2) \\ -2c(n)\Delta p & (\text{prob. } 1/4) \end{cases} \tag{3.11a}$$

$$\Delta G(t+\Delta t) = \Delta G(t) + \begin{cases} +c(n)\Delta p & (\text{prob. } 1/4) \\ \pm 0 & (\text{prob. } 1/2) \\ -c(n)\Delta p & (\text{prob. } 1/4) \end{cases} \tag{3.11b}$$

式 (3.11) に従うランダムウォークの例を**スライド 3.4** に示す。初期状態と境界条件は第一決定論モデルの場合と同じであるが，ランダムウォークの歩幅は過去の取引間隔に依存し，時間とともに変化する。

取引間隔の分布を実市場のデータにより合わせるために，$\langle I\rangle_\tau$ に対して二つの閾値を設定する。$\langle I\rangle_\tau < 3$ のときは $\langle I\rangle_\tau = 3$ と設定し，$\langle I\rangle_\tau > 50$ のときは $\langle I\rangle_\tau = 50$ とする反射壁を設ける。これらの制限は，取引間隔が 0 に収束することや発散することを防ぐために必要である。これらの効果を加えた第二確率論モデルの結果と第一確率論モデルの結果の比較を**スライド 3.5** (a) に示す。二つの時系列を比べると，第二確率論モデルでは，取引がクラスタリングする性質をよく再現できていることがわかる。実際に，第二確率論モデルの取引間隔の分布は，スライド (b) に示すように，指数分布よりも裾野の広い分布であり，実データの分布とよく一致する。

第二確率論モデルのΔG–D平面上の時間変化

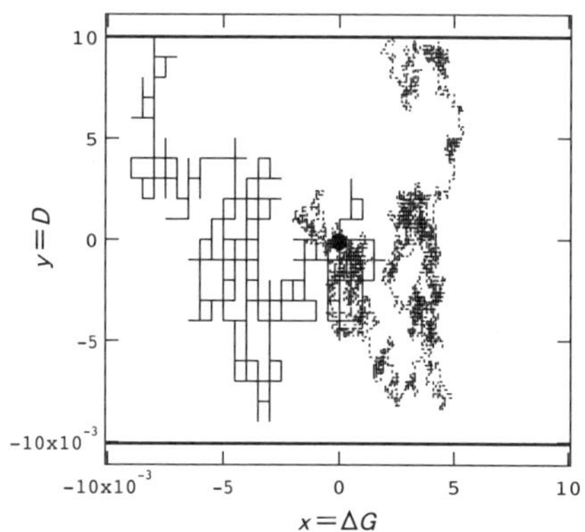

ランダムウォークの歩幅は，過去の取引間隔に依存

・取引間隔が長い→小さな歩幅となり，つぎの取引間隔も長くなる傾向

・取引間隔が短い→大きな歩幅となり，つぎの取引間隔も短くなる傾向

スライド **3.4**　第二確率論モデルの ΔG–D 平面上の時間変化

第二確率論モデルのシミュレーション結果（取引間隔）

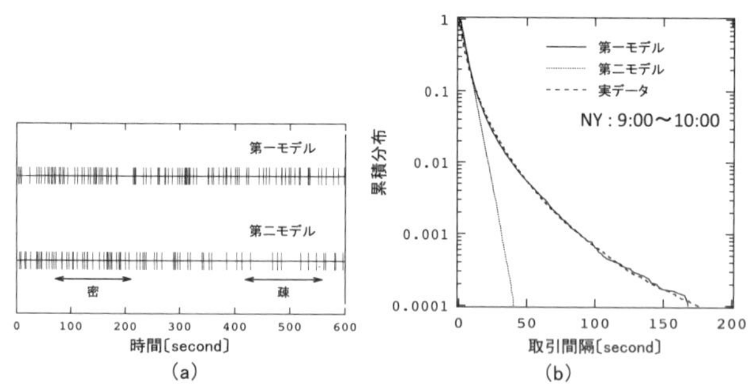

（a）第一，第二確率論モデルによる取引間隔の比較
第一モデルはポアソン過程に従うが，第二モデルは過去の取引間隔のフィードバック効果によって間隔に粗密が生まれる。

（b）片対数プロットによる取引間隔の累積確率分布
実線は，第二確率論モデルでシミュレーションを行った結果であり，実データの結果ときわめてよく一致している。

スライド **3.5**　第二確率論モデルのシミュレーション結果（取引間隔）

3.1.3 第三確率論モデルの性質（ディーラー数 = 2 の場合）

ここでも，決定論的ディーラーモデルと同様，第一確率論モデルにディーラーの先読み効果を追加して，価格差の分布を再現することを目的とする。ディーラーの先読み効果を加えたディーラーの指値の時間発展は，以下のように書くことができる。

$$p_i(t+\Delta t) = p_i(t) + d\langle \Delta P\rangle_M \Delta t + cf_i(t) \tag{3.12}$$

$$f_i(t) = \begin{cases} +\Delta p & (\text{prob. } 1/2) \\ -\Delta p & (\text{prob. } 1/2) \end{cases} \qquad (i = 1, 2)$$

ここで

$$\langle \Delta P\rangle_M = \frac{2}{M(M+1)} \sum_{k=0}^{M-1} (M-k)\Delta P(n-k) \tag{3.13}$$

$\Delta P(n) = P(n) - P(n-1)$ は n ティック目の価格差である。$\langle \Delta P\rangle_M$ は，線形に減衰する重みが付いた過去 M ティックの移動平均である。式 (3.12) のパラメータ d は，ディーラーの戦略を決める重要なパラメータである。d が正のディーラーは順張りディーラーと呼ばれ，過去の価格変動が上昇しているときはさらに上昇すると予想するディーラーであり，一方，d が負のディーラーは逆張りディーラーと呼ばれ，過去の価格変動が上昇しているときは，そろそろ下落すると予想するディーラーである。

この効果を加えると，第一確率論モデルの式 (3.2) は，以下のように変化する。

$$D(t+\Delta t) = D(t) + \begin{cases} +2c\Delta p & (\text{prob. } 1/4) \\ \pm 0 & (\text{prob. } 1/2) \\ -2c\Delta p & (\text{prob. } 1/4) \end{cases} \tag{3.14a}$$

$$\Delta G(t+\Delta t) = \Delta G(t) + d\langle \Delta P\rangle_M \Delta t + \begin{cases} +c\Delta p & (\text{prob. } 1/4) \\ \pm 0 & (\text{prob. } 1/2) \\ -c\Delta p & (\text{prob. } 1/4) \end{cases} \tag{3.14b}$$

スライド **3.6** に示すように，2次元平面上のランダムウォークで表現したときの初期条件や境界条件は，第一確率論モデルと同じである。しかし，第三確率論モデルの場合は，$d\langle \Delta P \rangle_M$ の流れが水平方向にあり，一般的に，第一確率論モデルの場合と比べて，ランダムウォーカーの水平方向の移動距離は大きくなる。これは，大きな価格変動が第一確率論モデルに比べて生まれやすいことを意味する。流れによる移動距離は原点から吸収地点へ到達するのにかかった時間，つまり取引間隔 $I(n)$ を用いて $I(n)d\langle \Delta P \rangle_M$ となる。取引間隔は式 (3.14a) と式 (3.2a) が同じことから，第一確率論モデルと第三確率論モデルでは完全に一致する。一方，価格変動 ΔP の時間発展は，以下の方程式で書くことができる。

$$\Delta P(n) = I(n) \cdot d\langle \Delta P \rangle_M + F(n) \tag{3.15}$$

ここで，右辺第 1 項は，流れによって運ばれる距離であり，流れの強さ $d\langle \Delta P \rangle_M$ と時間 $I(n)$ の積，第 2 項は，第一確率論モデルと一致する価格変

第三確率論モデルのΔG–D平面上の時間変化

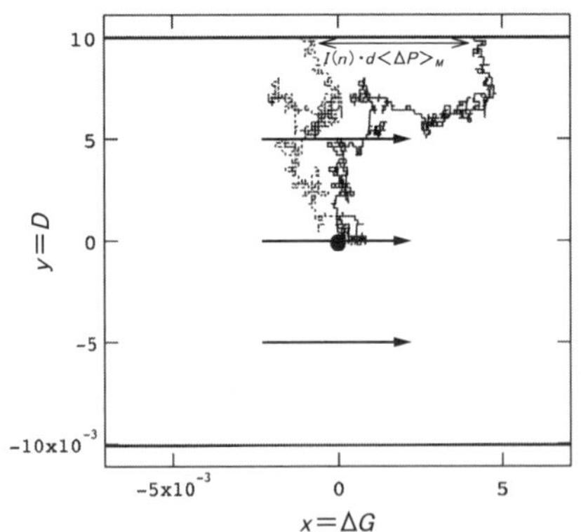

破線：第一確率論モデルの結果
実線：第三確率論モデルの結果

共通の乱数を使用

第三確率論モデルは，過去のトレンド（$<\Delta P>_M$）の影響により，水平方向の距離が大きくなる。

スライド **3.6**　第三確率論モデルの ΔG–D 平面上の時間変化

動である。第一確率論モデルの結果より，$I(n)$ と $F(n)$ はランダム変数であるので，式 (3.15) は加算項があるランダム乗算過程に従っている。加算項があるランダム乗算過程は，$M=1$ で $I(n)$ と $F(n)$ が独立のときは厳密解が得られている[63]。ディーラーモデルの場合，$I(n)$ と $F(n)$ は独立ではないが，べき分布が形成される領域では，加算項はほぼ影響しないので，$I(n)$ と $F(n)$ が独立の場合の結果を適用すると，ΔP の累積分布のべき指数 β について

$$|d|^{\beta}\langle I(n)^{\beta}\rangle = 1 \tag{3.16}$$

の関係を得る。ここで，$\langle I(n)^{\beta}\rangle$ は $I(n)$ の β 次のモーメントなので，式 (3.8a) を式 (3.16) に代入すると

$$|d|^{\beta}\frac{L^{2\beta}\Gamma(\beta+1)}{c^{2\beta}\Gamma(2\beta+1)}E_{\beta} = 1 \tag{3.17}$$

を得る。これまで見てきたように，実市場の価格差の累積分布は −3 乗のべき

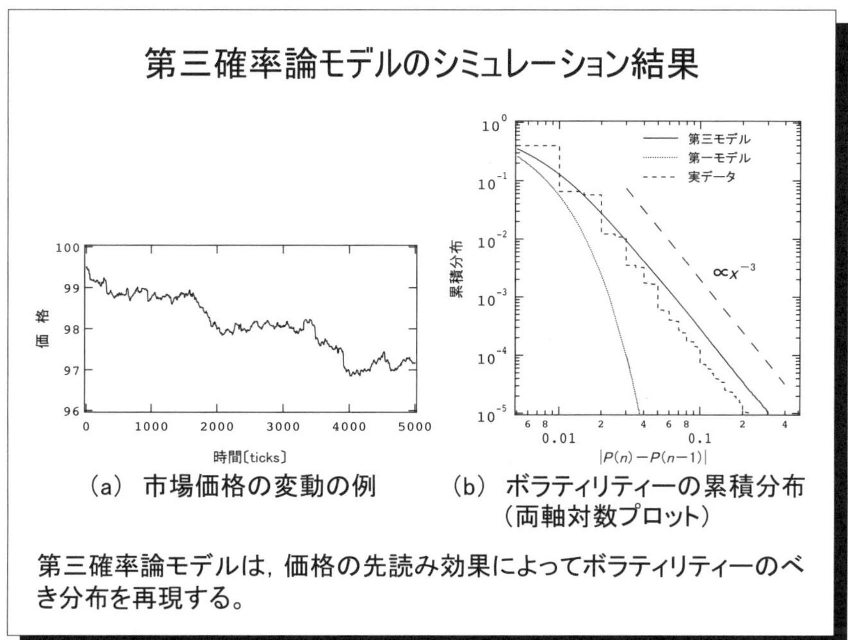

スライド **3.7** 第三確率論モデルのシミュレーション結果

分布に従うので，式 (3.17) に $\beta = 3$，$L = 0.01$，そして $c = 0.01$ を代入すると，$|d| \sim 1.25$ を得る。

これらのパラメータを用いると，**スライド 3.7** (b) のように価格差の累積分布に対して，-3 乗のべき分布を再現できる。ここで，そのほかのパラメータは $\Delta p = 0.01$，$\Delta t = \Delta p \cdot \Delta p$，$M = 1$ を用いた。

3.1.4 第四確率論モデルの性質（ディーラー数 = 2 の場合）

第二確率論モデルと第三確率論モデルで再現した取引間隔と価格変動の累積分布の両方を再現するモデルを構築するためには，以下のように，時間のフィードバック効果と価格変動のフィードバック効果の両方を加えればよい。

$$p_i(t+\Delta t) = p_i(t) + d\langle \Delta P\rangle_M c(n)^2 \Delta t + c(n) f_i(t) \qquad (i = 1, 2) \tag{3.18}$$

$$f_i(t) = \begin{cases} +\Delta p & (\text{prob. } 1/2) \\ -\Delta p & (\text{prob. } 1/2) \end{cases}$$

$$c(n) = \sqrt{\frac{\langle I\rangle_{c=1}}{\langle I\rangle_\tau}} \tag{3.19}$$

基本的には，第二確率論モデルの拡張と第三確率論モデルの拡張を合わせればよいのだが，第二確率論モデルの効果で，$c(n)$ は過去の取引間隔によって変化し，取引間隔の分布は，第一確率論モデルの結果と比べて長い取引間隔が出やすくなる。式 (3.18) 右辺第 2 項は，トレンドフォローを記述するが，この中に $c(n)^2$ が掛かるのは取引間隔の伸び縮みを補正し，価格差のダイナミクスの特性を式 (3.15) と同じにするためである。このように設定すると，スライド 3.5 (b) で示した取引間隔の分布とスライド 3.7 (b) で示した価格差の分布の両方を再現することができる。

3.1.5 第一確率論モデルの性質（ディーラー数 ≧ 3 の場合）

これまでは，理論解析を行いやすくするためにディーラー数を２人（$N=2$）にしぼって解析を行ってきたが，本項では，$N \geq 3$ の確率論的ディーラーモデルの統計的性質をシミュレーションによって調べる。各ディーラーの時間発展方程式は，ディーラーが２人のときとまったく同じである。

$$p_i(t+\Delta t) = p_i(t) + c(n)f_i(t) \qquad (i=1,2,\cdots,N) \tag{3.20}$$

$$f_i(t) = \begin{cases} +\Delta p & (\text{prob. } 1/2) \\ -\Delta p & (\text{prob. } 1/2) \end{cases}$$

人数を 2，8，32 人と変化させたときの取引間隔と価格変動の例をスライド **3.8** に示す。

この図からわかるように，人数以外のパラメータを一定に保ったとき，取引間隔や価格変動のゆらぎは，人数が多くなるにつれて小さくなることがわかる

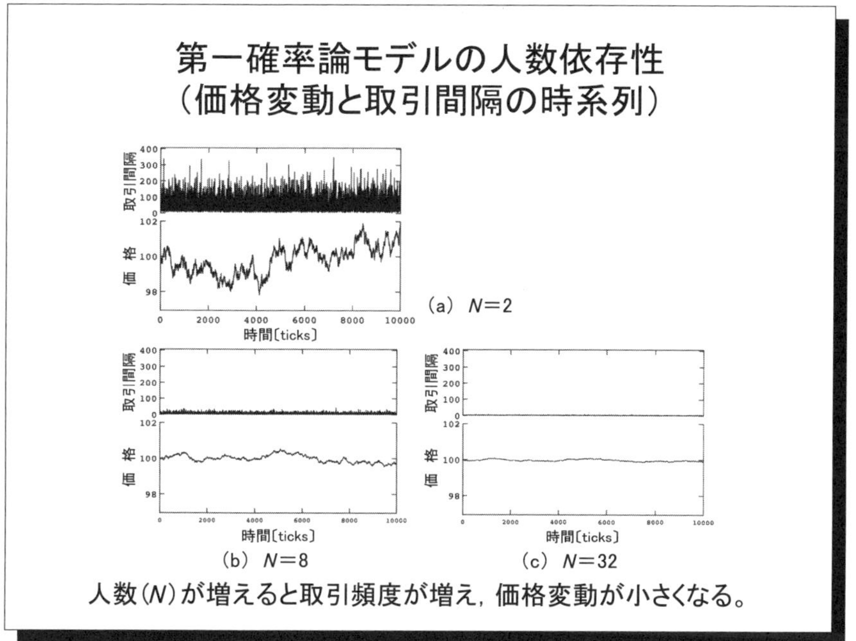

スライド **3.8** 第一確率論モデルの人数依存性（価格変動と取引間隔の時系列）

が，このとき，**スライド 3.9** のようにある程度大きな領域において，取引間隔とボラティリティーの平均値の人数依存性は，取引間隔に関しては N^{-1} に比例し，ボラティリティーに関しては $N^{-0.5}$ に比例してそれぞれ減少する。

また，価格差の自己相関関数は，**スライド 3.10** に示すように，$N \geqq 3$ のとき 1 ティック目に自明でない負の相関が現れるが，実市場でも同じように 1 ティック目には負の相関が現れるので，この点は興味深いが，これは人数が増えると各ディーラーの指値に対する重心が動きにくくなることに起因すると考えられる。

最後に，人数を変えてシミュレーションを行い，平均値で規格化した取引間隔とボラティリティーの累積分布を**スライド 3.11** に示す。3.1.1 項で見たように，$N = 2$ のときは，値が大きい領域では指数分布で特徴付けられたが，人数が多くなると，指数関数に比べて大きな値は出にくいことがわかる。

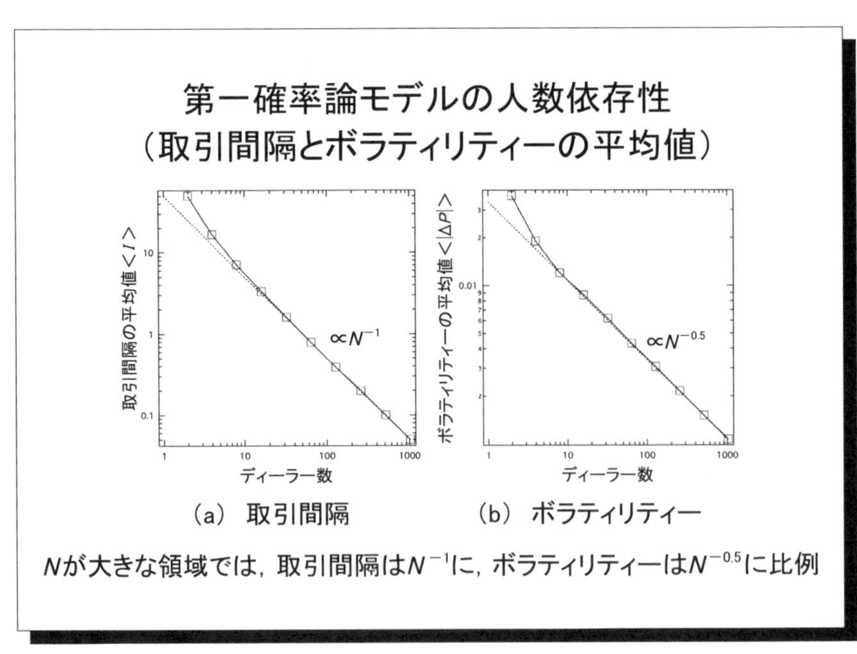

スライド 3.9　第一確率論モデルの人数依存性（取引間隔とボラティリティーの平均値）

第一確率論モデルの人数依存性（価格差の自己相関関数）

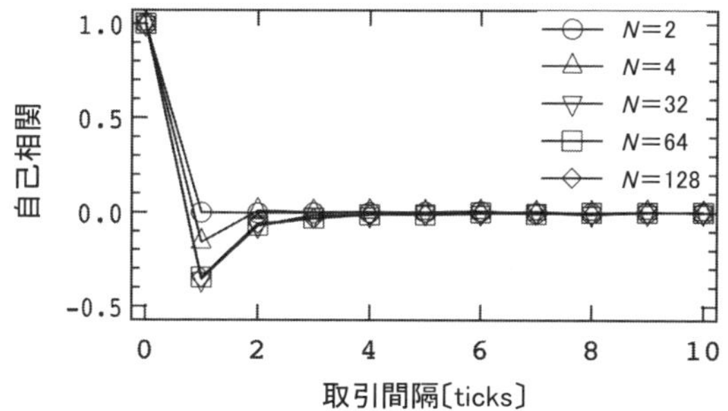

$N=2$のときはすべての取引間隔で無相関であるが，$N \geqq 3$は，取引間隔が小さい領域で負の相関が観測される。これは，人数が増えると，各ディーラーの指値に対する重心が動きにくくなることに起因する。

スライド **3.10**　第一確率論モデルの人数依存性（価格差の自己相関関数）

第一確率論モデルの人数依存性（取引間隔と価格差の累積分布）

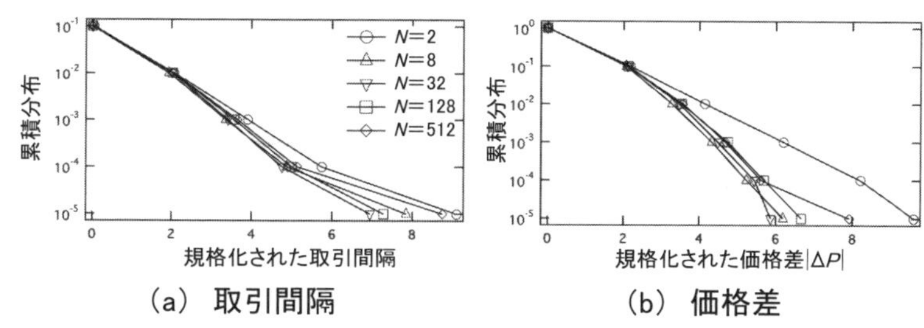

・それぞれの値は平均値で規格化されている。

・人数が増えると，$N=2$の場合（指数分布）と比較して大きな値が出にくくなる。

スライド **3.11**　第一確率論モデルの人数依存性（取引間隔と価格差の累積分布）

3.1.6 第二確率論モデルの性質（ディーラー数 ≧ 3 の場合）

つぎに，人数を増やしたときの第二確率論モデルの性質を調べる。各ディーラーの指値の時間発展は，以下のようになる。

$$p_i(t + \Delta t) = p_i(t) + c(n) f_i(t) \qquad (i = 1, 2, \cdots, N) \tag{3.21}$$

$$f_i(t) = \begin{cases} +\Delta p & (\text{prob. } 1/2) \\ -\Delta p & (\text{prob. } 1/2) \end{cases}$$

$$c(n) = c_1 \sqrt{\frac{\langle I \rangle_{c=c_1}}{\langle I \rangle_\tau}} \tag{3.22}$$

ここで，$\langle I \rangle_{c=c_1}$ は第一確率論モデルにおいて，$c = c_1$ と設定したときの取引間隔の平均値であり，$\langle I \rangle_\tau$ は 3.1.2 項で示したディーラー数 $N = 2$ の場合と同じく，過去 τ 秒間の取引間隔の平均値である。このモデルでも，取引間隔の自己変調の効果によって，スライド **3.12** のように，取引間隔は実市場と同じように

第二確率論モデルの人数依存性
（取引間隔の累積分布）

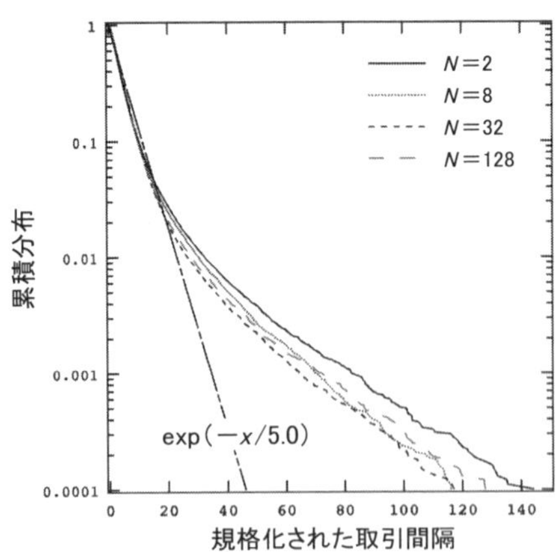

N≧3の場合もN=2の場合と同様，自己変調効果によって，取引間隔は実データと同じように指数分布よりも広い裾野を持つ。

スライド **3.12**　第二確率論モデルの人数依存性（取引間隔の累積分布）

指数分布よりも広い裾野を持つ。用いたパラメータは，$L = 0.01$，$c_1 = 0.01$，$\tau = 150$，$\Delta p = 0.01$，$\Delta t = (\Delta p)^2$ であり，$\langle I \rangle_\tau$ については，$N = 2$ の場合と同様に，$\langle I \rangle_\tau < 3$ ならば $\langle I \rangle_\tau = 3$ とし，$\langle I \rangle_\tau > 50$ ならば $\langle I \rangle_\tau = 50$ とする二つの反射壁を設ける。また，各人数に対する取引間隔は，平均値が実市場と同じになるように平均値 5.0 に規格化されている。

3.1.7 第三確率論モデルの性質（ディーラー数 ≥ 3 の場合）

ディーラー数 $N \geq 3$ の場合も，ディーラーの指値の時間発展は，$N = 2$ の場合と同様，3.1.3 項の式 (3.12) のようにディーラーの価格の先読み効果を加えた式を用いる。3.1.3 項で示したとおり，$N = 2$ のとき，第三確率論モデルの価格変動の累積分布のべき指数は，式 (3.16) からわかるように，先読みの強さ d と取引間隔 I に依存する。つまり，ディーラー数が変わり，取引間隔の統計性が変化すればべき指数も変わるが，以下の三つの性質から，人数がある程度大きな領域では，$\sqrt{N}/L$ を一定にしておけば，人数を変えてもべき指数を一定に保てると推測される。

- 3.1.5 項のスライド 3.11 から，取引間隔の分布は平均値によって規格化できる。
- 取引間隔の平均値の人数依存性は，3.1.5 項で調べたように，ディーラー数が 30 人を超える領域では N^{-1} に比例する。
- 3.1.1 項で導いた式 (3.8a)（ディーラーモデルのパラメータと取引間隔のモーメントの関係）より，取引間隔の平均値は L^2 に比例する。

実際にシミュレーションを行ってみた結果が**スライド 3.13** である。$N = 32$ と $N = 128$ のとき，$\sqrt{N}/L = 90.9$ となるように L を設定すると，同じトレンドフォローの指数 $d = 1.25$ に対して，価格変動の累積分布のべき指数は，実際の為替市場と同じ -3 となる。ここで，そのほかのパラメータは $c = 0.01$，$\Delta p = 0.01$，$\Delta t = \Delta p \cdot \Delta p$ と設定した。

第三確率論モデルの人数依存性
（ボラティリティーの累積分布）

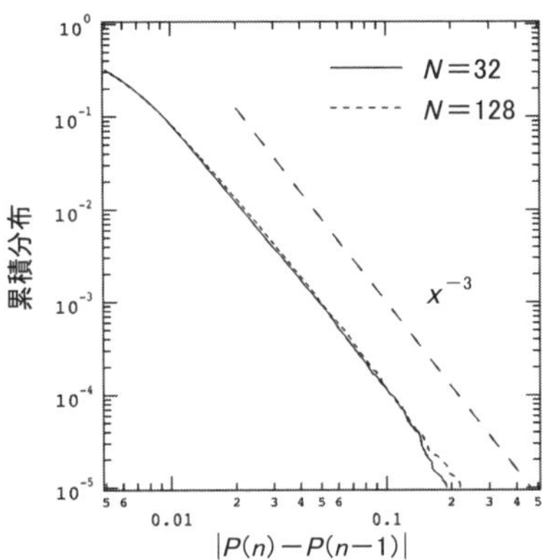

N≧3の場合もN=2場合と同様に，トレンドフォロー効果によって，ボラティリティーの分布は実データと同じ−3乗のべき分布を再現する。

スライド **3.13**　第三確率論モデルの人数依存性（ボラティリティーの累積分布）

3.1.8　第四確率論モデルの性質（ディーラー数 $\geq$ 3 の場合）

ディーラー数 $N=2$ の場合と同様に，第二確率論モデルと第三確率論モデルの効果を融合させ

$$p_i(t+\Delta t) = p_i(t) + d\langle \Delta P\rangle_M \left\{\frac{c(n)}{c_1}\right\}^2 \Delta t + c(n)f_i(t)$$

$$(i = 1, 2, \cdots, N) \tag{3.23}$$

$$f_i(t) = \begin{cases} +\Delta p & (\text{prob. } 1/2) \\ -\Delta p & (\text{prob. } 1/2) \end{cases}$$

$$c(n) = c_1\sqrt{\frac{\langle I\rangle_{c=c_1}}{\langle I\rangle_\tau}} \tag{3.24}$$

とすると，取引間隔と価格変動の分布を $N \geq 3$ の場合にも再現することがで

きる。

このように，確率論的ディーラーモデルでは，人数を増やすと $N = 2$ のときには見ることのできなかった価格差に対する1ティック目の負の相関が見られる。また，取引間隔に関しては，$N = 2$ と同じ方法で指数分布よりも裾野の広い確率分布が再現され，価格差のべき則に関しても，N と L に対して一定の関係を保てば，どのような N に対しても同じべき指数を得ることが可能である。

3.2 理論解析の詳細

本節では，第一確率論モデル（ディーラー数 $N = 2$）の取引間隔とボラティリティーの確率密度関数の導出について詳細を紹介する。

3.2.1 取引間隔

まず，式 (3.5) を x，y について積分し，時刻 t での生存確率 $u(t)$ を求めると

$$u(t) = \frac{4}{\pi}\sum_{n=1}^{\infty}\frac{(-1)^{n+1}}{2n-1}e^{-c^2P_{2n-1}^2 t} \tag{3.25}$$

さらに，時刻 t に取引が起こる確率 $w(t)$ は，生存確率 $u(t)$ の変化量にマイナスを付けて

$$w(t) = -\frac{du(t)}{dt} \tag{3.26}$$

$$= \frac{4}{\pi}\sum_{n=1}^{\infty}\frac{(-1)^{n+1}}{2n-1}P_{2n-1}^2 e^{-c^2P_{2n-1}^2 t} \tag{3.27}$$

と重み付けした指数分布の重ね合わせになる。また，n の大きいところでは，$n \geqq 2$ は無視できるので

$$w(t) \propto e^{-c^2P_1^2 t} = e^{-\frac{t}{\alpha}}, \qquad \alpha = \left(\frac{2L}{c\pi}\right)^2 \tag{3.28}$$

となる。ここで，α は指数減衰の固有時間を表す。式 (3.27) は第一決定論モデルの取引間隔 I の分布に対応するので，以後，$w(t)$ を $w(I)$ と書くことにする。

I の k 次のモーメント M_k は

$$
\begin{aligned}
M_k &= \int_0^\infty I^k w(I) dI \\
&= \frac{L^{2k}\Gamma(k+1)}{c^{2k}\Gamma(2k+1)} \frac{2^{2k+2}\Gamma(2k+1)}{\pi^{2k+1}} \sum_{n=1}^{\infty} \frac{(-1)^{n+1}}{(2n-1)^{2k+1}} \\
&= \frac{L^{2k}\Gamma(k+1)}{c^{2k}\Gamma(2k+1)} E_k
\end{aligned}
\tag{3.29}
$$

ここで，E_k はオイラー数であり

$$E_0 = 1, \quad E_1 = 1, \quad E_2 = 5, \quad E_3 = 61 \cdots \tag{3.30}$$

これより 0 次，1 次，2 次のモーメントは

$$M_0 = 1 \tag{3.31}$$

$$M_1 = \frac{1}{2!}\left(\frac{L}{c}\right)^2 E_1 = \frac{1}{2}\left(\frac{L}{c}\right)^2 \tag{3.32}$$

$$M_2 = \frac{2!}{4!}\left(\frac{L}{c}\right)^4 E_2 = \frac{5}{12}\left(\frac{L}{c}\right)^4 \tag{3.33}$$

で与えられ，平均値と分散は

$$\langle I \rangle = M_1 = \frac{1}{2}\left(\frac{L}{c}\right)^2 \tag{3.34}$$

$$\langle I^2 \rangle - \langle I \rangle^2 = M_2 - M_1^2 = \frac{1}{6}\left(\frac{L}{c}\right)^4 \tag{3.35}$$

と求まる。

3.2.2 ボラティリティー

式 (3.5) の y 方向への確率密度の流れ f を，以下のように定義する。

$$
\begin{aligned}
f(x, y, t) &= -\frac{\partial u}{\partial y} \\
&= -\frac{1}{L\sqrt{\pi c^2 t}} e^{-\frac{x^2}{c^2 t}} \sum_{n=1}^{\infty} \sin \frac{n\pi}{2} \beta_n \cos \beta_n y e^{-c^2 \beta_n^2 t}
\end{aligned}
\tag{3.36}
$$

境界 $y = 2L, 0$ での流れは，それぞれ

$$
\begin{aligned}
f(x, 2L, t) &= -\frac{1}{L\sqrt{\pi c^2 t}} e^{-\frac{x^2}{c^2 t}} \sum_{n=1}^{\infty} \sin\frac{n\pi}{2} \cdot \beta_n \cdot \cos n\pi \cdot e^{-c^2 \beta_n^2 t} \\
&= -\frac{1}{L\sqrt{\pi c^2 t}} e^{-\frac{x^2}{c^2 t}} \left(-\beta_1 e^{-c^2 \beta_1^2 t} + \beta_3 e^{-c^2 \beta_3^2 t} - \beta_5 e^{-c^2 \beta_5^2 t} + \cdots \right) \\
&= \frac{1}{L\sqrt{\pi c^2 t}} e^{-\frac{x^2}{c^2 t}} \sum_{n=1}^{\infty} (-1)^{n+1} \beta_{2n-1} e^{-c^2 \beta_{2n-1}^2} \qquad (3.37)
\end{aligned}
$$

$$
\begin{aligned}
f(x, 0, t) &= -\frac{1}{L\sqrt{\pi c^2 t}} e^{-\frac{x^2}{c^2 t}} \sum_{n=1}^{\infty} \sin\frac{n\pi}{2} \beta_n e^{-c^2 \beta_n^2 t} \\
&= -\frac{1}{L\sqrt{\pi c^2 t}} e^{-\frac{x^2}{c^2 t}} \left(\beta_1 e^{-c^2 \beta_1^2 t} - \beta_3 e^{-c^2 \beta_3^2 t} + \beta_5 e^{-c^2 \beta_5^2 t} - \cdots \right) \\
&= -\frac{1}{L\sqrt{\pi c^2 t}} e^{-\frac{x^2}{c^2 t}} \sum_{n=1}^{\infty} (-1)^{n+1} \beta_{2n-1} e^{-c^2 \beta_{2n-1}^2} \\
&= -f(x, 2L, t) \qquad (3.38)
\end{aligned}
$$

$y = 0, 2L$ における流量の絶対値 F を以下のように定義する。

$$
\begin{aligned}
F(x) &= \int_0^{\infty} \{ |f(x, 2L, t)| + |f(x, 0, t)| \} \, dt \\
&= \int_0^{\infty} \{ f(x, 2L, t) - f(x, 0, t) \} \, dt \\
&= 2 \int_0^{\infty} f(x, 2L, t) dt \\
&= \frac{2}{L} \sum_{n=1}^{\infty} (-1)^{n+1} \beta_{2n-1} \int_0^{\infty} \frac{1}{\sqrt{\pi c^2 t}} e^{-\frac{x^2}{c^2 t}} e^{-c^2 \beta_{2n-1}^2 t} dt \qquad (3.39)
\end{aligned}
$$

ここで

$$
t = \frac{u^2}{c^2 \beta_{2n-1}^2} \qquad (3.40)
$$

という置換を行うと

$$F(x) = \frac{2}{L}\sum_{n=1}^{\infty}(-1)^{n+1}\frac{2}{c^2\sqrt{\pi}}\int_0^{\infty} e^{-\left(u^2+\frac{x^2\beta_{2n-1}^2}{u^2}\right)}du \tag{3.41}$$

となる。ここで，積分公式

$$\int_0^{\infty} e^{-c\left(\frac{u^2}{a^2}+\frac{b^2}{u^2}\right)}du = \frac{a}{2}\sqrt{\frac{\pi}{c}}e^{-\frac{2bc}{a}} \tag{3.42}$$

ただし，助変数 a，b，c は $a,b,c>0$ である。

を用いるためには，$x>0$ でなければならない。そこで $|x|$ を考える。つまり，変動した量（ボラティリティーと同義）のみに注目する。x の正負の対称性から，$F(|x|)=2F(x)$ は明らかだから

$$\begin{aligned} F(|x|) &= \frac{4}{L}\sum_{n=1}^{\infty}(-1)^{n+1}\frac{2}{c^2\sqrt{\pi}}\int_0^{\infty} e^{-\left(u^2+\frac{x^2\beta_{2n-1}^2}{u^2}\right)}du \\ &= \frac{4}{c^2L}\sum_{n=1}^{\infty}(-1)^{n+1}e^{-\frac{(2n-1)\pi}{L}|x|} \end{aligned} \tag{3.43}$$

x の大きな領域では，$n=1$ が支配的になるので

$$F(x) \propto e^{-\frac{\pi}{L}|x|} \tag{3.44}$$

となり，固有関数 L/π の指数分布に従うことがわかる。また c には依存しないことから，ディーラーが 1 ステップで動かす量には依存しないことがわかる。

つぎに，式 (3.43) を用いて F のモーメントを求める。k 次のモーメント M_k は

$$\begin{aligned} M_k &= \frac{\int_0^{\infty} x^k F(x)dx}{\int_0^{\infty} F(x)dx} \\ &= \frac{4}{L}\sum_{n=1}^{\infty}(-1)^{n+1}\int_0^{\infty} e^{-\frac{(2n-1)\pi}{L}|x|}dx \\ &= \frac{4L^k\Gamma(k+1)}{\pi^{k+1}}\sum_{n=1}^{\infty}\frac{(-1)^{n+1}}{(2n-1)^{k+1}} \\ &= \frac{4L^k\Gamma(k+1)}{\pi^{k+1}}\beta(k+1) \end{aligned} \tag{3.45}$$

となる。よって，1次，2次のモーメントはそれぞれ

$$
\begin{aligned}
M_1 &= \frac{4L}{\pi^2}\beta(2) = \frac{4KL}{\pi^2}\cdots \\
M_2 &= \frac{4L\cdot 2}{\pi^2}\sum_{n=1}^{\infty}\frac{(-1)^{n+1}}{(2n-1)^3} = \frac{8L^2}{\pi^3}\cdot\frac{\pi^3}{32} = \frac{L^2}{4}
\end{aligned}
$$

したがって，$F(|x|)$ の平均値と分散はそれぞれ

$$
\begin{aligned}
&\langle F(|x|)\rangle = M_1 \sim 0.371L \propto L \\
&\langle F(|x|)^2\rangle - \langle F(|x|)\rangle^2 = M_2 - M_1^2 \sim 0.112L^2 \propto L^2
\end{aligned}
\tag{3.46}
$$

と求まる。

4章 ディーラーモデルの応用

◆本章のテーマ

最初に，市場価格の変動をモデル化した PUCK モデルを紹介する。つぎに，エージェントベースモデルのディーラーモデルと時系列モデルの PUCK モデルのパラメータ間の関係を計算し，トレンドフォローの効果が大きくなると，バブル時に観測される指数関数的な変動が現れることを示す。また，価格の先読み効果の時間変化やロスリミット効果を加えたディーラーを導入し，政府介入事例の再現を紹介する。

◆本章の構成（キーワード）

4.1　ディーラーモデルと PUCK モデルの関係
　　PUCK モデル，バブル現象の再現，トレンドフォローの時間変化
4.2　ディーラーモデルを用いた暴落現象の解明
　　価格の先読み効果，ロスリミット効果，暴騰暴落現象
4.3　ディーラーモデルを用いた政府の介入事例の再現
　　スプレッドの時間依存効果，利益確定と損切り行動，介入時の変動を再現する設定
4.4　ディーラーモデルのさらなる拡張
　　ニュース効果の導入，株式市場のディーラーモデル，複数通貨ペアや複数市場のディーラーモデル

◆本章を学ぶと以下の内容をマスターできます

☞ ディーラーモデル（エージェントベースモデル）と PUCK モデル（時系列モデル）の関係
☞ ディーラーモデルと暴騰暴落現象の関係
☞ ディーラーモデルによる政府介入など特別なイベント時の再現方法

4.1 ディーラーモデルと PUCK モデルの関係

4.1.1 PUCK モデルの導入

本項では，高安らによって提案された **PUCK**（Potentials of Unbalanced Complex Kinetics）**モデル**を紹介する。PUCK モデルは，価格の時系列をポテンシャル中のランダムウォークによってモデル化する方法であり

$$\overline{P}(n+1) = \overline{P}(n) - \frac{\partial}{\partial X}U(X)|_{X=\overline{P}(n)-\overline{P_M}(n)} + f_1(n) \tag{4.1}$$

で表現される。ここで，$\overline{P}$ は市場価格の**最適移動平均**であり，価格の時系列 P に対して

$$P(n) = \overline{P}(n) + f_2(n) \tag{4.2}$$

で定義される。$f_2(n)$ は平均値 $\langle f_2(n)\rangle \simeq 0$ であり，異時刻 $u+\tau$ との自己相関関数について，$\langle f_2(n)f_2(n+\tau)\rangle \simeq 0$ を満たすノイズ項である。つまり，最適移動平均 $\overline{P}$ は，価格の時系列 P からノイズ $f_2(n)$ を除去した価格である[62]。$\overline{P_M}(n)$ は，最適移動平均に対して単純な移動平均をとった値で，$\overline{P_M}(n) = 1/M\sum_{k=0}^{M-1}\overline{P}(n-k)$ で定義され，価格の中心を表し，これを**スーパー移動平均**と呼ぶ（**スライド 4.1**）。$U(X)$ はポテンシャルであり，式 (4.1) 右辺第 2 項がポテンシャルによる力を表している。右辺第 3 項 $f_1(n)$ はノイズ項であり，$f_2(n)$ とは異なるノイズである。

この方法を用いて，価格変動の時系列のポテンシャルを観測した結果を**スライド 4.2** に示す。データは 1999 年 1 月 12 日 14 時～1 月 19 日 3 時までであるが，土日や祝日を含んでいるので，実質的に取引が行われていたのは 4 日程度となる。

スライド 4.2 の時系列は，価格からノイズを除去した最適移動平均 $\overline{P}$ の時系列であり，(a)，(b)，(c)，(d) の 4 か所（それぞれ 2 000 ティック）を拡大したのが (a–1)，(b–1)，(c–1)，(d–1) である。まず，(a–1) の時系列はほかの時系列に比べて，それほど価格が変動せず安定しているように見える。この

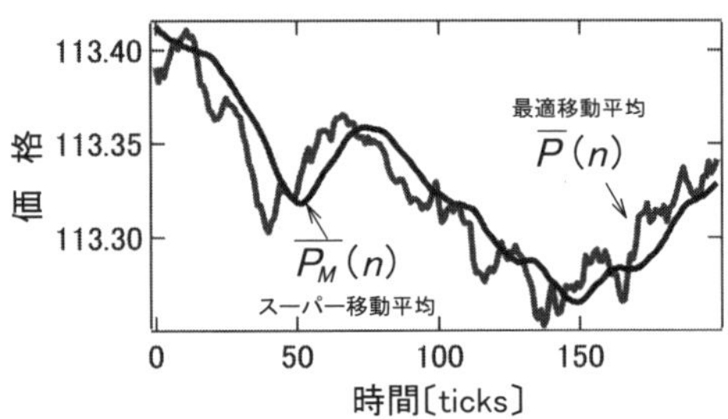

過去 M ティックの単純移動平均

$$\overline{P_M}(n)=\frac{1}{M}\sum_{k=0}^{M-1}\overline{P}(n-k)$$

スライド **4.1**　最適移動平均とスーパー移動平均

時系列に対して，横軸に $\overline{P}(n)-\overline{P_M}(n)$，縦軸に $\overline{P}(n+1)-\overline{P}(n)$ の関係をプロットしたのが (a–2) である。横軸は，時刻 n に最適移動平均 $\overline{P}(n)$ が中心価格を表すスーパー移動平均 $\overline{P_M}(n)$ からどれくらい離れているかを表し，縦軸は，時刻 $n+1$ で最適移動平均がどのように変化したかを表す。

2 000 点の時系列からは 2 000 個の点がプロットできるが，図では，横軸の値が大きいものから順に 100 個ずつ平均してまとめた点をプロットしている。また，X 軸 $(\overline{P}-\overline{P_M})$ に対して両端の点は除いた。この操作は，休日などをはさむことによって起こる大きな変化に対応するためである。

(a–2) のプロットを見ると，横軸の $\overline{P}-\overline{P_M}$ が正のとき，縦軸 $\overline{P}(n+1)-\overline{P}(n)$ はおもに負になっている。これは，最適移動平均 $\overline{P}$ がスーパー移動平均 $\overline{P_M}$ よりも上にあるとき，つぎの時刻で最適移動平均は減少し，中心価格であるスーパー移動平均に引き付けられていることを意味するので，中心から引力がはたらいていると考えることができる。つまり，(a) の時系列は，中心から引力を

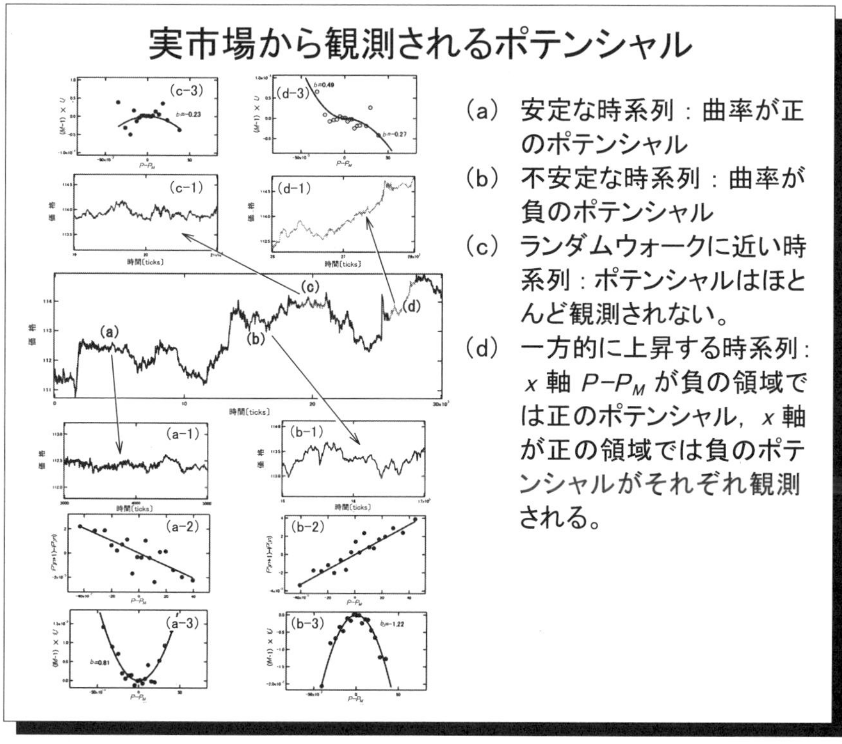

スライド **4.2** 実市場から観測されるポテンシャル

受けながらのランダムウォークである。

(a–2)，(b–2) の図中の線は，最小二乗法を用いた 1 次関数 $Y = aX$ の近似線である。(b) の時系列に対して先程と同様のプロットをすると，(a) の時系列とは逆に横軸の $\overline{P} - \overline{P_M}$ が正のとき，縦軸 $\overline{P}(n+1) - \overline{P}(n)$ もおもに正になっている。これは，最適移動平均 $\overline{P}$ がスーパー移動平均 $\overline{P_M}$ よりも上にあるとき，つぎの時刻で最適移動平均が上昇し，中心価格であるスーパー移動平均から離れていくので，中心から斥力がはたらいていると考えられる。そして $\overline{P} - \overline{P_M} = 0$ から積分すると，(a–3)，(b–3) のポテンシャルを得る。

(c)，(d) に関しては力のプロットは省略し，時系列の拡大 (c–1)，(d–1) と観測されたポテンシャル (c–3)，(d–3) のみを示す。(c) の時系列では，ポテンシャルはほとんど観測されず，このとき，価格はほぼランダムウォークしている。(d) の時系列は一方的に上昇する時系列であり，このときは横軸に対して $X > 0$ と $X < 0$ で分けてポテンシャルを見積もった。

スライド 4.2 のように，ポテンシャルは多くの場合 2 次関数で近似される。(d) の時系列は $X > 0$ と $X < 0$ で係数が異なる 2 次関数である。なぜこのようなポテンシャルが観測されるのかについては，この後ディーラーモデルの視点から説明を行う。また，観測されるポテンシャルは，スーパー移動平均の個数 M に対して $(M-1)^{-1}$ でスケーリングされ，移動平均のスケール M によらず，ポテンシャル $U(X)$ は，以下のように書ける[24)]。

$$U(X) = \frac{1}{2}\frac{b(n)}{M-1}X^2 \tag{4.3}$$

$b(n)$ は 2 次関数の曲率を表し，時系列の特徴を決める重要なパラメータである。

4.1.2　決定論的ディーラーモデルと PUCK モデルの関係

〔**1**〕 **第一決定論モデルのポテンシャル**　　まず，ディーラーの先読みの効果が入っていない，最も単純な第一決定論モデルでシミュレーションを行った価格の時系列に対して，前述のポテンシャル解析を適用し，市場のポテンシャルを観測する。パラメータを L（スプレッド）$= 1.0$，$c_i = [0.01, 0.02]$ の範囲で一様に分布させ，ディーラー数を変化させたときのポテンシャル係数 b の変化を**スライド 4.3** に示す。

ディーラー数が少ないときは $b < 0$ となり，負のポテンシャルが観測され，時系列が不安定なことを意味する。これは，すべてのディーラーが買い手や売り手に回ってしまう状況が発生し，不安定な市場になると考えられる。ディーラー数が約 20 人を超えると，正のポテンシャル ($b > 0$) が観測され，ランダムウォーク ($b = 0$) に比べて時系列が安定する。ただし，ディーラー数が多くなるとこの引力は弱くなる。この引力は，つぎのようにして発生すると考えられる。第一決定論モデルで取引を繰り返していると，偶然的に 2 人のディーラーがほかのディーラーらが提示している価格と少し離れたところで取引を行うことがあ

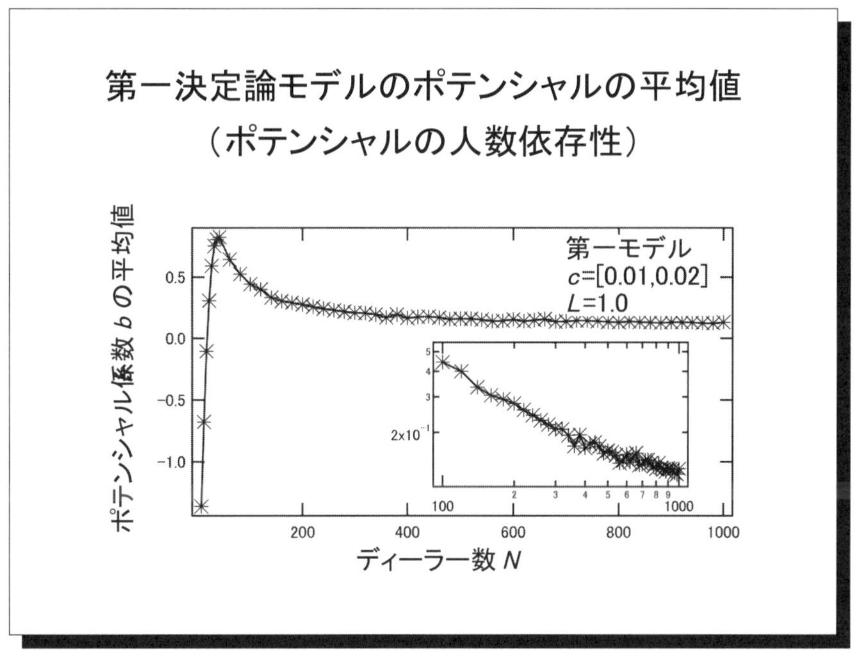

スライド **4.3** 第一決定論モデルのポテンシャルの平均値（ポテンシャルの人数依存性）

る。しかし，つぎの取引はほとんどの場合，1 ティック前に取引したディーラー以外が取引をする。すると，価格は以前の価格付近に引き戻されるので，第一決定論モデルで引力が発生すると考えられる。ディーラー数が多くなると，いろいろな価格にディーラーが分布するので，ほかのディーラーから少し離れれば取引が起こって，価格の変化量が小さくなるために，引力も小さくなると考えられる。

〔**2**〕 **第三決定論モデルのポテンシャル**　　ここでは，ディーラーモデルと PUCK モデルをつなげるために，PUCK モデルから演繹的に式 (2.7) と同じ自己変調過程が導かれることを示す[64)]。式 (4.1) に式 (4.3) を代入すると

$$\Delta\overline{P}(n+1) = -\frac{b(n)}{M-1}(\overline{P}(n) - \overline{P}_M) + f_1(n) \tag{4.4}$$

となり，ここに，$\overline{P}_M = 1/M \sum_{k=0}^{M-1} \overline{P}(n-k)$ を代入し，計算すると

$$\Delta\overline{P}(n+1) = -\frac{b(n)}{M-1} \sum_{k=1}^{M-1} \frac{M-k}{M} \Delta\overline{P}(n+1-k) + f_1(n)$$

$$= -\frac{b(n)}{2} \sum_{k=1}^{M-1} w_k \Delta\overline{P}(n+1-k) + f_1(n) \tag{4.5}$$

が得られる。ここで

$$w_k = \frac{2(M-k)}{M(M-1)}, \qquad \sum w_k = 1 \tag{4.6}$$

であり，w_i は線形に減衰する重み関数である。

式 (4.5) は，PUCK モデルにおける価格差の発展方程式であり，式 (2.7) と同じ自己変調過程である。ディーラーモデルでは，価格 P を売り値と買い値の中間値に設定しており，売り値，買い値間のスプレッドによるゆらぎはなくなるので，PUCK モデルの最適移動平均 $\overline{P}$ とほぼ同等である。そこで，以後 PUCK モデルの最適価格 $\overline{P}$ を P と書く。式 (2.6) で定義される移動平均項について，過去何ティックを先読みに使うかを表すパラメータ k を 15 とし，重み関数 w_j を式 (4.6) に対応させ，j に対して線形に減衰する関数に設定すれば，式 (2.7) と式 (4.5) がノイズ項 $f(n)$ を除いて一致する。そこで，式 (2.7) と式 (4.5) 右辺第 1 項の係数の対応から

$$-\frac{b(n)}{2} = d \cdot I(n) \tag{4.7}$$

を得る。ただし，〔1〕で見たように，取引の効果により引力が発生する。つまり，式 (2.7) の $f(n)$ は完全なノイズ項ではなく，わずかながら負の相関を持っているので，その分の補正が必要になる。この補正は，第一決定論モデルから観測されたポテンシャル係数を $\delta(N, C, L)$ と置くと，つぎのように補正される。

$$b(n) = \delta(N, C, L) - 2d \cdot I(n) \tag{4.8}$$

ここで，ティック時間 n に対する平均をとると

$$\langle b \rangle = \delta(N, C, L) - 2d \cdot \langle I \rangle \tag{4.9}$$

となる。ここで，$\langle x \rangle$ は変数 x の時間平均を表す。$\langle I \rangle$ に対して，この後で示す式 (4.14) を用いると

$$\langle b \rangle = \delta(N, C, L) - \frac{4dLC}{N} \tag{4.10}$$

の関係式を得る。$N = 300$，$L = 1.0$，$c_i = [0.01, 0.02]$ に固定し，d を -2〜$+2$ まで変化させたときに得られたポテンシャル係数の平均値 $\langle b \rangle$ の値と式 (4.10) との比較をスライド **4.4** に示す。

式 (4.9) の関係を用いると，ポテンシャル係数 b から $N = 300$，$L = 1.0$，$c_i = [0.01, 0.02]$ と固定した場合の $\langle d \rangle$ の値を見積もることができる。スライド 4.2（a–3)，（b–3)，（d–3）の図中に示したポテンシャル係数を用いて $\langle d \rangle$ を算出する。そのときのそれぞれの $\langle d \rangle$ は，（a）の時系列では $d^* = -0.66$，（b）の

第三決定論モデルのポテンシャルの平均値
（ポテンシャルのトレンドフォロー効果依存性）

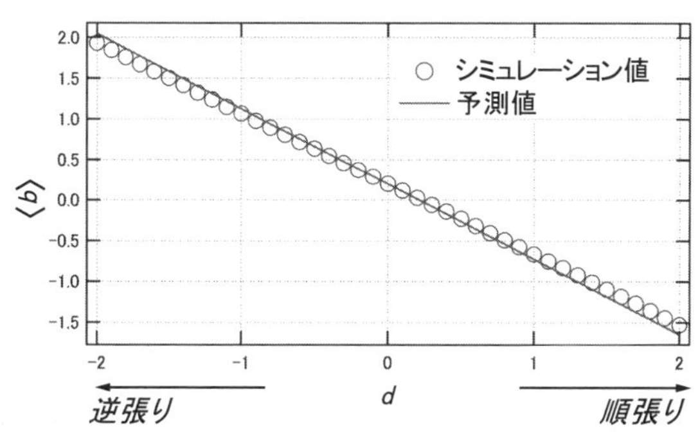

トレンドフォロー効果 d とポテンシャルの平均値 $\langle b \rangle$ の間には，線形な関係 $\langle b \rangle \propto -d$ がある。

スライド **4.4**　第三決定論モデルのポテンシャルの平均値（ポテンシャルのトレンドフォロー依存性）

時系列では $d_i = 1.54$，(d) の時系列では $d_i = -0.028$ ($\langle dP \rangle < 0$)，$d_i = 0.49$ ($\langle dP \rangle > 0$) と見積もられた。この d_i の値を用いて，ディーラーモデルでシミュレーション行った結果を**スライド 4.5** に示す。

スライド 4.5 の図中の番号はスライド 4.2 に対応した番号を付けてあり，(a–1) はスライド 4.2 の (a–1) に対応する安定した時系列である。このとき，スライド 4.5 の (a–3) のように，ディーラーモデルで再現したポテンシャルも曲率 b が正のポテンシャルを再現する。同様に，(b–3) のように曲率が負のポテンシャル，さらには (d–3) のように非対称なポテンシャルも再現できる。

このように，先読みの効果を導入した第三決定論モデルではさまざまなポテンシャルを再現できるので，市場に見られるポテンシャルは，ディーラーの先読みによるものだと考えられる。そして，多くのポテンシャルが 2 次関数でフィッティングされる理由は，ディーラーが線形な移動平均 $\langle dP \rangle$ を用いて予測を行っ

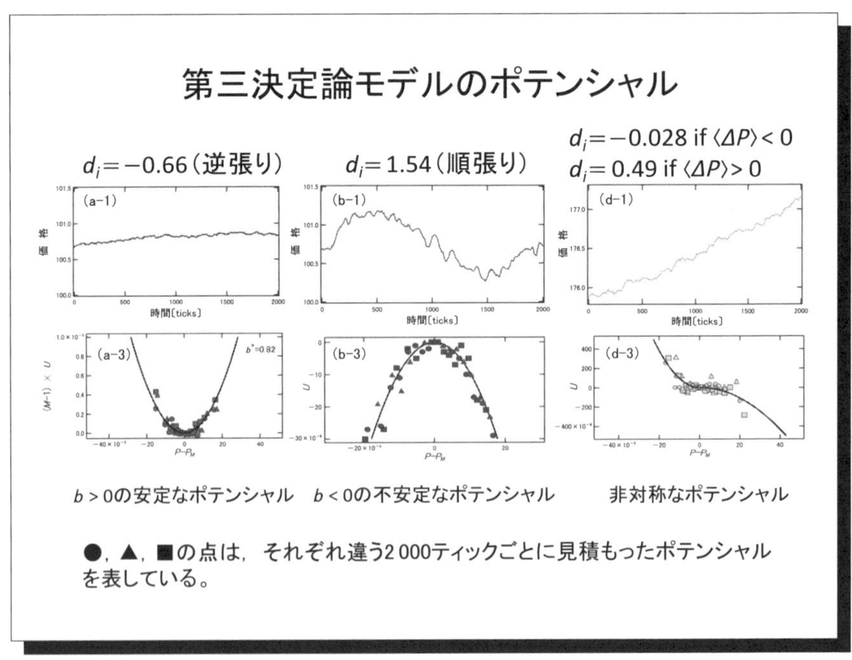

スライド **4.5**　第三決定論モデルによるさまざまなポテンシャルの再現

ているためであると考えられる。

〔3〕 **$\langle I \rangle$ の評価**　ここでは，式 (4.9) の取引間隔 $\langle I \rangle$ をディーラーモデルのパラメータ N（ディーラー数），L（スプレッド），c_i（売り手と買い手のディーラーが単位時間当り変化させる価格）を用いて近似的に書き下せることを示す。第一決定論モデルまたは第三決定論モデルにおいて，i 番目のディーラーが L 進むまでの時間 I_i は，L，c_i を用いて

$$I_i = \frac{L}{c_i} \tag{4.11}$$

となる。式 (4.11) で各ディーラーに対して平均値 $[\cdots]$ をとると

$$[I_i] = L \cdot \left[\frac{1}{c_i}\right] \tag{4.12}$$

を得る。ここで，各ディーラーの歩み寄りの効果を $c_i = [\alpha, \beta]$ の一様分布とすれば

$$C = \left[\frac{1}{c_i}\right] = \int_{\alpha}^{\beta} \frac{1}{x} p(x)dx = \frac{1}{\beta - \alpha} \log \frac{\beta}{\alpha} \tag{4.13}$$

である。さらに，ディーラー数が N 人のときの平均取引間隔 $\langle I \rangle$ は，ディーラーが動く方向が 2 方向あることを考慮して $N/2$ で割ればよいので

$$\langle I \rangle = \frac{2LC}{N} \tag{4.14}$$

となる。

式 (4.14) と N，c_i を変化させたとき（L は 1.0 に固定）のシミュレーション値の比較を**スライド 4.6** に示す。横軸はディーラー数の変化であり，縦軸は平均取引間隔であり，両軸ともに対数プロットである。また，図中の 5 本の線は，初期値として与えるパラメータ c_i の分布が違う。c_iは図中の $c_{\max}$ を用いて $c_i = [c_{\max} - 0.01, c_{\max}]$ の範囲で与えた。具体的にいうと，例えば一番上の線は，$c_i = [0, 0.01]$ の範囲で初期値を与えたときの結果である。図中の○は式 (4.14) で求めた理論値であり，□はシミュレーションによる結果である。横軸のディーラー数を多くすると，取引間隔は短くなり，初期に与える c_i の値（1 ステップ当りに動かす価格）を大きくすると，取引間隔は短くなる。これは直

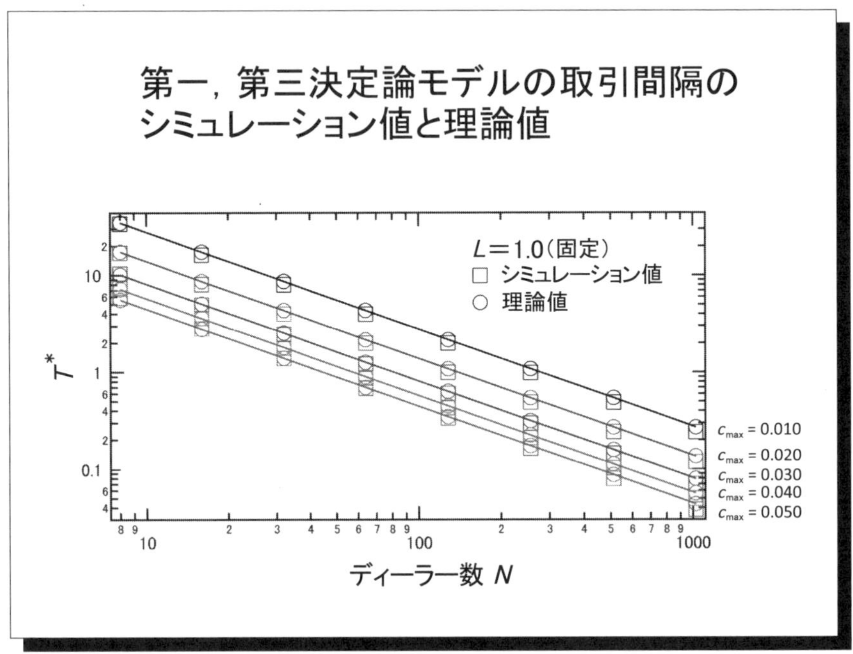

スライド **4.6** 第一，第三決定論モデルの取引間隔のシミュレーション値と理論値

感と一致する結果であり，理論値とシミュレーション値は非常によく一致している。

4.1.3 確率論的ディーラーモデルと PUCK モデルの関係

スライド 4.7 は第三確率論モデル（ディーラー数 N=2）のポテンシャルである。第三確率論モデルの各ディーラーの指値の時間発展は，3.1.3 項で示したとおり

$$p_i(t+\Delta t) = p_i(t) + d\langle \Delta P\rangle_M \Delta t + cf_i(t) \tag{4.15}$$

$$f_i(t) = \begin{cases} +\Delta p & (\text{prob. } 1/2) \\ -\Delta p & (\text{prob. } 1/2) \end{cases} \qquad (i = 1, 2)$$

$$\langle \Delta P\rangle_M = \frac{2}{M(M+1)} \sum_{k=0}^{M-1} (M-k)\Delta P(n-k) \tag{4.16}$$

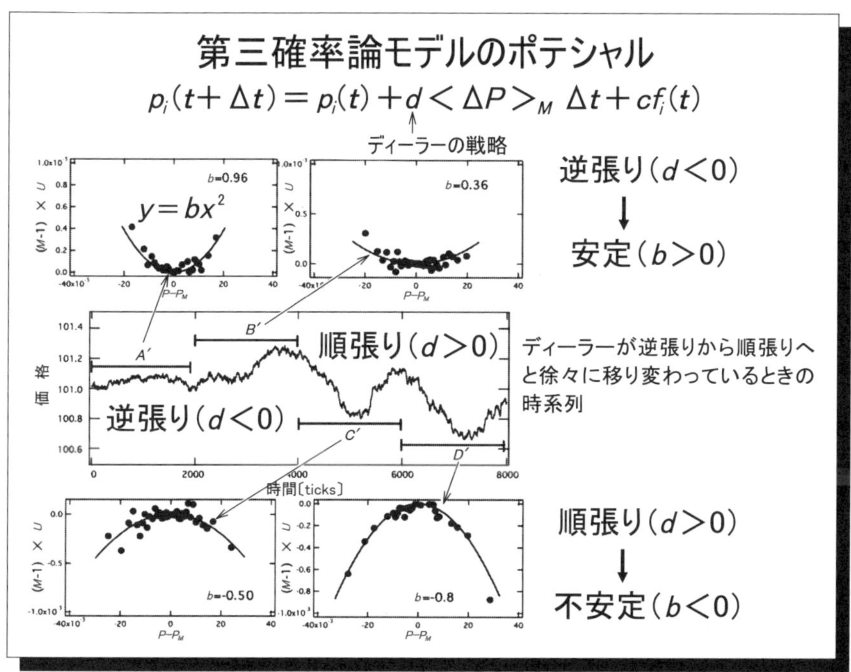

スライド 4.7　第三確率論モデルのポテンシャル（逆張り（$d<0$）と順張り（$d>0$）それぞれの場合）

である。

スライド 4.7 では，2000 ティックごとにディーラーの戦略を強い逆張り A'，弱い逆張り B'，弱い順張り C'，強い順張り D' と変化させた時系列であり，それぞれの区間でポテンシャルを見積もった。決定論的ディーラーモデルの場合は同様に，2 次関数（$y=bx^2$）のポテンシャルが観測され，ディーラーの戦略が逆張り（$d<0$）の場合は $b>0$ のポテンシャル，ディーラーの戦略が順張り（$d>0$）の場合は $b<0$ のポテンシャルとなる。

つぎに，ディーラー数 $N=2$ の確率論的ディーラーモデルと PUCK モデルの係数間の理論的な対応関係について示す。また，ポテンシャル係数 b の値と価格の拡散の関係は理論的に導かれているので，ディーラーモデルのパラメータと価格の拡散の関係を計算する。

ここでは，PUCK モデルを

$$P(n+1) = P(n) - \frac{\partial}{\partial P} U(P) \mid_{P=P(n)-P_{M+1}(n)} + F'(n) \tag{4.17}$$

$$U(P) = \frac{b(n)}{2M} P^2 \tag{4.18}$$

で定義するが，本質的にはいままでと変わりはない。ここで，$P(n)$ は最適移動平均をとった価格とする。この式は 4.1.2 項〔2〕と同じ手続きをふむことにより

$$\Delta P(n) = -\frac{b(n)}{2} \langle \Delta P \rangle_M + F'(n) \tag{4.19}$$

と**自己回帰過程**（autoregressive process）で書くことができる。$\langle \Delta P \rangle_M$ は式 (4.16) の定義と同じである。ここで，式 (3.15) と式 (4.19) は同じ形をした線形な方程式なので，独立なノイズの性質によらない。よって，式 (3.15) と式 (4.19) の $\langle \Delta P \rangle_M$ の係数を比較することにより，以下の簡単な関係式を得る。

$$b(n) = -2d \cdot I(n) \tag{4.20}$$

ここで，ティック時間 n に対して平均をとると

$$\langle b \rangle = -2d \cdot \langle I \rangle = -d \left(\frac{L}{c} \right)^2 \tag{4.21}$$

ここで，$\langle x \rangle$ は x に対する時間平均である。この式は，マーケットが不安定なとき（$b < 0$）はディーラーは順張り（$d > 0$）であることを示し，逆に，マーケットが安定なとき（$b > 0$）はディーラーが逆張り（$d < 0$）であることを意味する。これは，先に述べた決定論的ディーラーモデルと PUCK モデルの場合とも当然一致する。

PUCK モデルでは，2 次関数のポテンシャルに対して，価格の拡散を理論的に計算することが可能である[65)]。この関係と式 (4.21) を用いると，第三確率論モデルの価格の拡散は，理論的に以下のように計算することができる。

$$\sigma_d(\Delta n) = \frac{2c^2}{2c^2 - dL^2}\sigma_{d=0}(\Delta n) \tag{4.22}$$

ここで，$\sigma_d(\Delta n)$ は時間が Δn 経過した後の価格の散らばりを標準偏差で評価しており，それが，$\sigma_{d=0}(\Delta n)$ の場合に比べて何倍になるかを表す。また，この式から，$|d| < 2c^2/L^2$ のとき σ は有限であり，時間間隔が大きな極限ではランダムウォークに従うことが期待される。しかし，$d \geqq 2c^2/L^2$ ではこの式は無意味になる。実際に，$d \geqq 2c^2/L^2$ のとき，価格変動はバブル時に観測されるような指数関数的な変動をする（**スライド 4.8**）。破線は指数関数によるフィッティングで，$y = \exp(0.004x) + 99$ である。パラメータは $d \geqq 2c^2/L^2$ を満たすように設定し，$d = 2.0$，$c = 0.01$，$L = 0.01$，$\Delta p = 0.01$，$\Delta t = \Delta p \cdot \Delta p$，$M = 10$ を用いた。

第三確率論モデルを用いた指数関数的な変動の再現

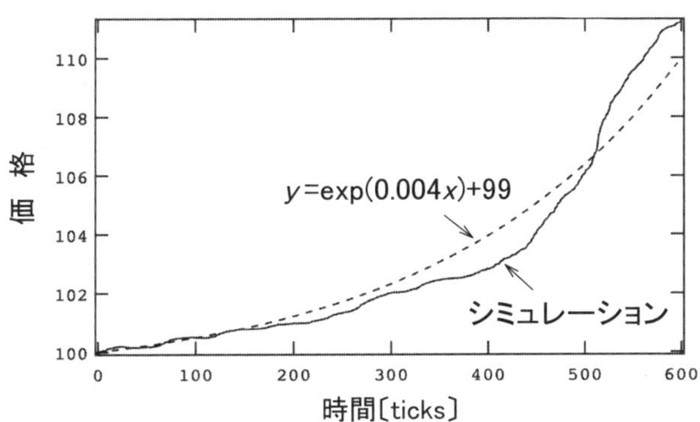

トレンドフォローの強さを大きくすると，バブル時に観測される指数関数的増加を再現する。

スライド **4.8**　第三確率論モデルを用いた指数関数的な変動の再現

このように，ディーラーモデルは為替市場に一般的に見られる変動だけでなく，パラメータを調節することによって，バブル現象も記述することができる。

4.1.4 順張りディーラーと逆張りディーラーが混在した場合のポテンシャル係数

スライド 4.9 は，ディーラーの戦略を $d=1.0$（順張り）と $d=-1.0$（逆張り）の 2 種類を混在させた場合のシミュレーション結果（順張り比率：0%，順張り比率：50%，順張り比率：100%）である。ディーラー数は 100 人に設定し，取引が成立した場合は，すべてのディーラーの買い値と売り値の中央値が市場価格に戻る。

順張り比率が 0% と 100% の場合のポテンシャル係数は，式 (4.21) を満たす。順張りと逆張りの比率が 50% : 50% の場合は，順張りと逆張りの効果が

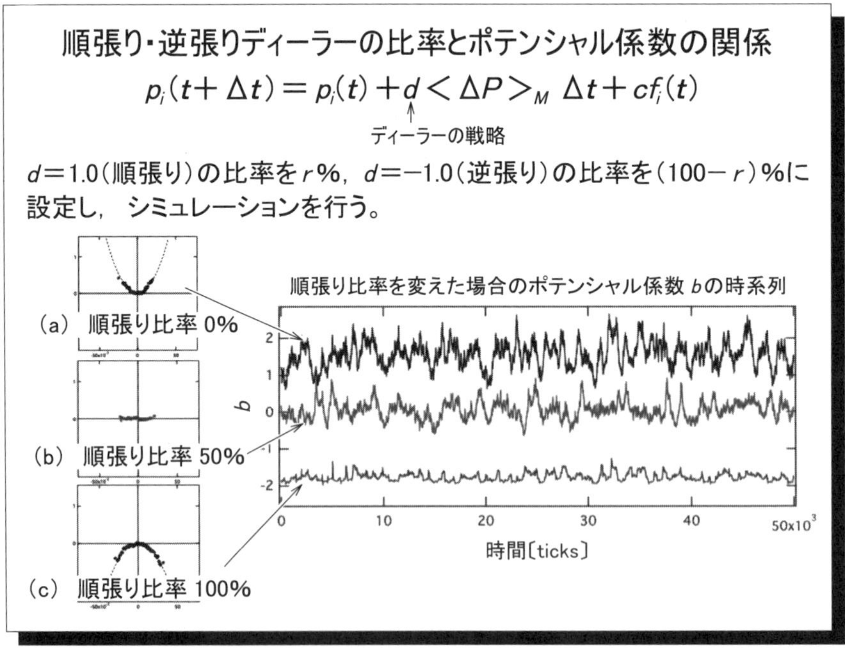

スライド **4.9** 順張り・逆張りディーラーの比率とポテンシャル係数の関係 1

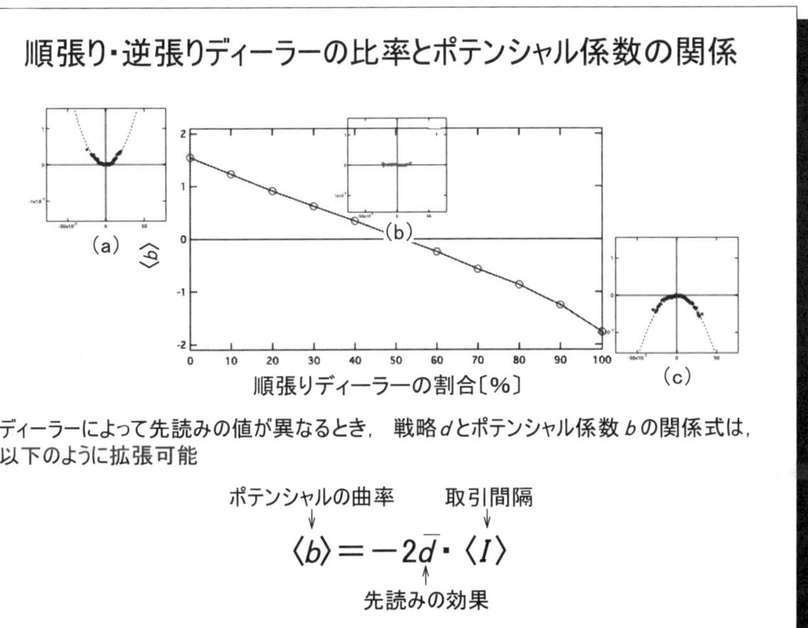

スライド **4.10** 順張り・逆張りディーラーの比率とポテンシャル係数の関係 2

相殺されて，ポテンシャル係数 b の時間平均は 0 となる。

スライド 4.10 は，順張りディーラーの比率を 10% ずつ変化させたときのポテンシャル係数 b の時間平均 $\langle b \rangle$ である。この結果から，ディーラーの戦略が 2 種類の場合，式 (4.21) で示した，ディーラーの戦略 d とポテンシャル係数 b の関係式は，以下のように拡張可能である。

$$\langle b \rangle = -2\overline{d} \cdot \langle I \rangle \tag{4.23}$$

ここで，$\overline{y}$ は各ディーラーに対する平均である。

4.1.5 PUCK モデルとの対応関係を用いたディーラーモデルの拡張

〔1〕 ポテンシャル係数 *b* の時間発展のモデル化　スライド 4.2 からわかるように，ポテンシャル係数 b は時々刻々と変化している。つまり，為替市場

は安定な状態（$b > 0$）と不安定な状態（$b < 0$）の間を行き来していることを意味するが，その過程の時間発展を知ることは，市場を理解するうえで非常に重要である。この b の時間発展は，以下のシンプルな自己回帰過程で記述できる[66]。

$$b(n+1) = (1-C)b(n) + \phi(n) \tag{4.24}$$

ここで，C は定数，ϕ はノイズ項であり，ともに実データから見積もられる値で，c は 3.0×10^{-3} 程度である。式 (4.24) は，b が原点からの距離に比例した引力を原点から受けながら，ランダムウォークすることを意味している。

〔**2**〕 **ディーラーモデルへの応用**　　b の時間発展は式 (4.24) で記述できることを述べた。また，ディーラー数 $N = 2$ の確率論的ディーラーモデルの戦略パラメータ d とポテンシャル係数 b は，式 (4.21) のように比例関係である。そこで，市場で取引を行うディーラーの平均的な戦略パラメータ $\overline{d}$ を，式 (4.27) のように式 (4.24) と同じ 1 次の AR プロセスで時間発展させる拡張を行う。

$$p_i(t+\Delta t) = p_i(t) + d_i(n)\langle \Delta P \rangle_M \left\{ \frac{c(n)}{c_1} \right\}^2 dt + c(n) f_i(t) \tag{4.25}$$

$$f_i(t) = \begin{cases} +\Delta p & (\text{prob. } 1/2) \\ -\Delta p & (\text{prob. } 1/2) \end{cases} \qquad (i = 1, 2, \cdots, N)$$

$$d_i = \overline{d} + \Delta d_i \tag{4.26}$$

$$\overline{d}(n+1) = (1-e_0) \cdot \overline{d}(n) + \phi(n) \tag{4.27}$$

$$\phi(n) = \begin{cases} +0.01 & (\text{prob. } 1/2) \\ -0.01 & (\text{prob. } 1/2) \end{cases}$$

まず，式 (4.25) は式 (3.23) とほぼ同じであるが，ディーラーの戦略パラメータが $d_i(n)$ とティック時間依存性を持つようになった点が新しい。つまり，このモデルでは，ディーラーの戦略 d が時間とともに変化する。つぎに，式 (4.26) は各ディーラーの戦略 d_i と市場の平均的な戦略 $\overline{d}$ との乖離を Δd で表した式であり，本モデルで Δd は平均 0，標準偏差 0.05 の正規分布で与える。

$N = 128$, $L = 0.162$, $M = 1$, $\Delta p = 0.01$, $\Delta t = (\Delta p)^2$, $c_1 = 0.01$, $\tau = 150$, $e_0 = 7.0 \times 10^{-4}$ のパラメータを用いたときのシミュレーション結果の例を**スライド 4.11** に示す。スライド (a) はディーラーの平均的な戦略 $\overline{d}$ の時間発展であり，ポテンシャル係数 b と同じように，原点からの距離に比例した引力を受けるランダムウォークとなる。スライド (b) の時系列は価格変動の時系列であり，スライド (c) は価格差の時系列である。市場内のディーラーの平均的な戦略を表す $\overline{d}$ の絶対値が大きくなると，大きな価格変動が生まれやすくなる特性がある。これは，3.1.3 項の式 (3.16) で示したように，d の値が大きくなるとボラティリティーの累積分布のべき指数が小さくなることからもわかる。ただし，価格変動と価格差の時系列の特徴は，$d > 0$ と $d < 0$ ではだいぶ違う。スライド 4.11 の 28 000 ティック付近のように $\overline{d}$ が正の大きな値を持つと，価格は短時間で大きく変化する傾向がある。理由は，$\overline{d} > 0$ のとき，市場

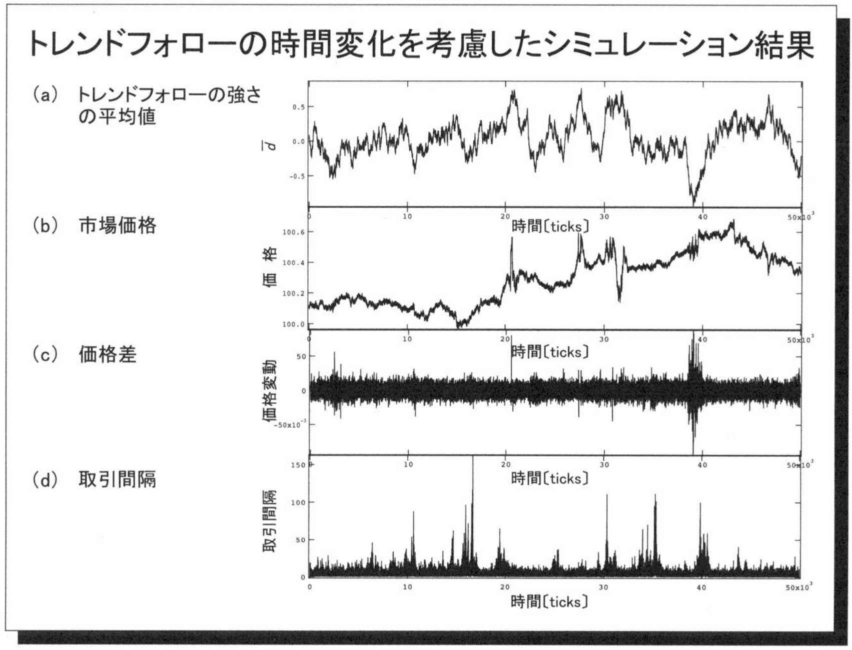

スライド 4.11　トレンドフォローの時間変化を考慮したシミュレーション結果

のディーラーの戦略は平均的に順張りであることを意味し，直近のトレンドをフォローする結果起こる。逆に，40 000 ティック付近のように $\bar{d}$ が負で，その絶対値が大きいときは，ボラティリティーは大きくなるが，価格は一方向へ大きく動かない。これは，$\bar{d}$ が負なので，市場のディーラーは平均的に逆張りであることを意味し，価格が上がった後は下がると予想し，下がった後は上がると予想するので，価格が方向性を持ちにくくなるためである。スライド (d) は取引間隔を表しており，取引間隔の長い区間がクラスタリングしている様子がよくわかる。

スライド 4.12 は，スライド 4.11 で示した時系列の統計性であり，スライド (a) はボラティリティーの累積分布で，-3 程度のべき指数を持ち，実市場のべき指数とよく一致する。スライド (b) は取引間隔の累積分布であり，実市場と同じように指数分布よりも裾野の広い分布になっている。スライド (c) は価格

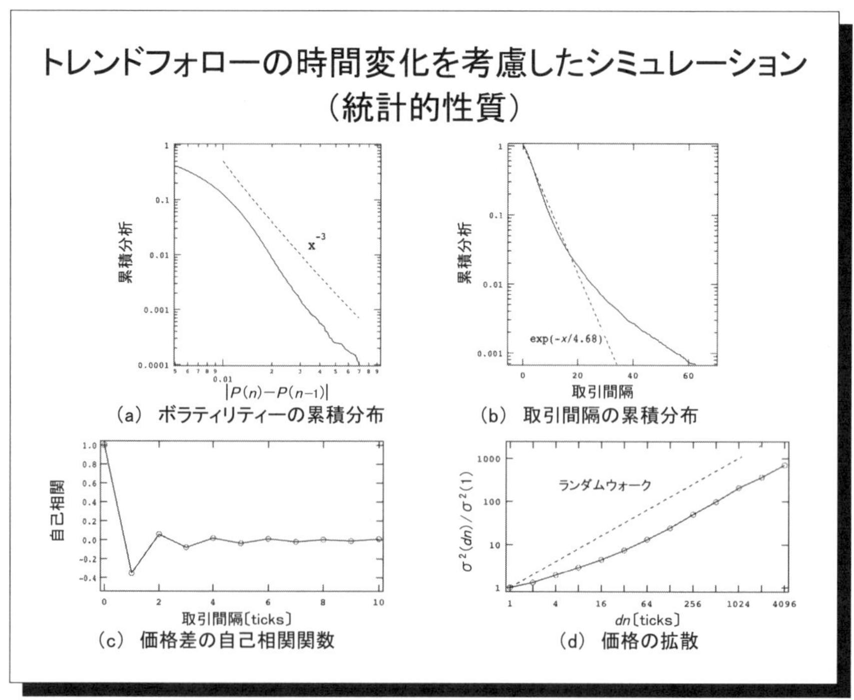

スライド 4.12　トレンドフォローの時間変化を考慮したシミュレーションの統計的性質

差の自己相関関数であり，1 ティック目に強い負の相関をとった後，2 ティック目以降はほぼ無相関となる。スライド (d) は価格の拡散であり，これも実データと同じように短い時間スケールでは異常拡散し，長い時間スケールではランダムウォークと同じ拡散に従う。このように，最終的なモデルは市場の統計性をよく再現することができる。

4.2 ディーラーモデルを用いた暴落現象の解明

4.2.1 ディーラーのトレンドフォローと暴落の関係

2.2.3 項と 3.1.3 項で，ディーラーの先読みの効果 d は，価格変動のゆらぎを大きくするアンプのようなはたらきをすることを見てきた。また，4.1.2 項〔2〕と 4.1.3 項では，ディーラーの先読み効果 d と PUCK モデルのポテンシャル係数 b の関係を導いた。また，価格の拡散の大きさとディーラーの戦略の関係式を式 (4.22) で示し，ディーラーが順張りであると価格の拡散が速くなり，スライド 4.8 のように d の値がある閾値を超えると，つまり，ディーラーのトレンドフォローがある一定値を超えると，実市場からも観測されるインフレーション（バブル現象）[67),68)] のように，価格が指数関数的に上昇することを示した。ここでは，指数関数的な上昇の図を示したが，クラッシュのように指数関数的な下落も起こる。また，実市場では**ハイパーインフレーション**のようにインフレーションよりもさらに速く，価格が 2 重指数関数的，またはべき関数的に発散していく現象が観測される[69),70)]。2 重指数関数的な価格の上昇をディーラーモデルで再現するためには，ディーラーが過去の価格変動（トレンド）を指数関数によってフィッティングし，強いトレンドフォローを行うことで再現できる。実際に，株式市場のディーラーたちは，パソコンの画面上で価格軸に対して対数表示をすることも多いようである。

ここまで見てきたように，市場の不安定性，市場価格のインフレーション現象とディーラーのトレンドフォローの効果は，深く関わっていると考えられる。

4.2.2 スプレッドの時間依存性と市場の不安定性

スライド **4.13**(a) は，リーマンショック付近（2008 年 9 月 8〜29 日）の価格変動と価格差とベストビッドアスク（最高の買い値と最低の売り値）のスプレッドの時系列である。破線の枠内のように大きく価格が変動するところでは，ベストビッドアスクのスプレッドが大きく広がっている様子を確認できる。また，指値注文もベスト付近から離れた場所に置かれる傾向が強くなり，板上の指値注文の密度も低くなる。そして，このような傾向が大きな価格変動を引き起こす要因であるという先行研究もある[71)]。そこで，本項では，このような傾向を再現するために，各ディーラーのスプレッドが時間的に変化する**スプレッドディーラーモデル**を提案する。

● **重みスプレッド（moment spread）の導入**　　スライド **4.14** のように，どの価格にどれだけの注文量があるかを表したものを**板情報**と呼ぶ。板上の指

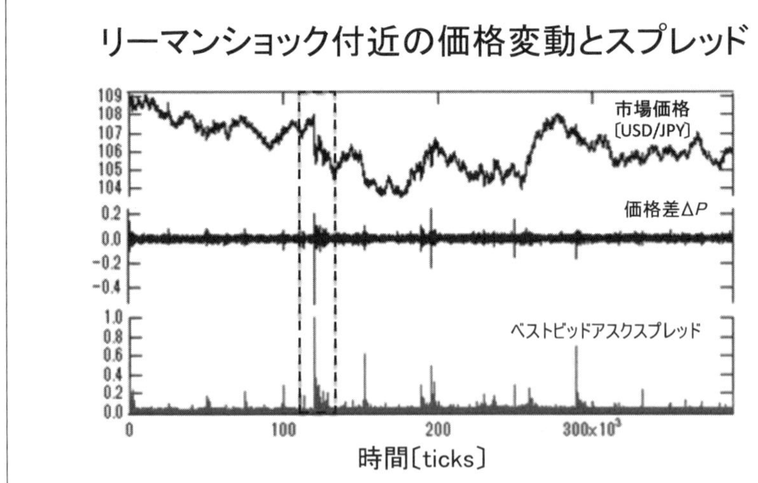

スライド 4.13　リーマンショック付近の価格変動とスプレッド（文献58) をもとに作成）

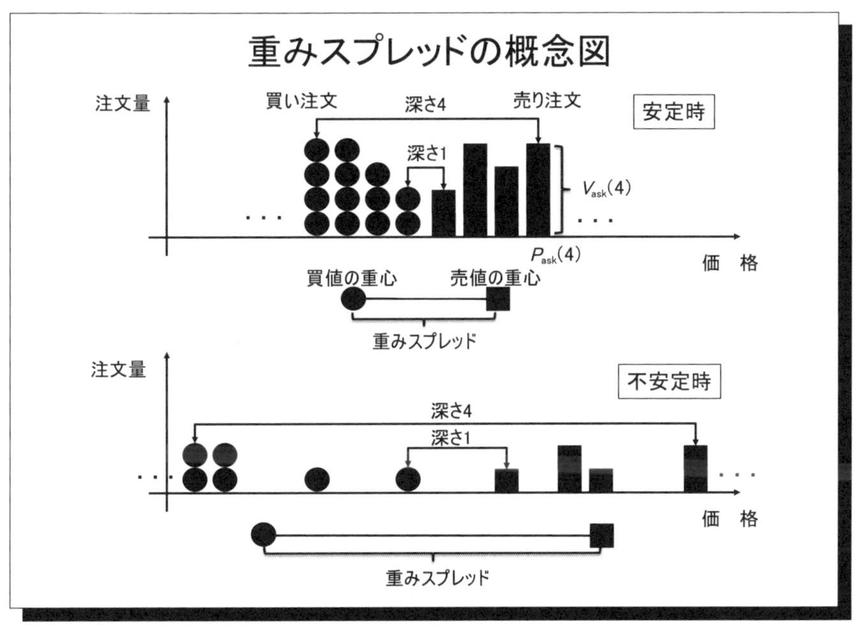

スライド **4.14**　重みスプレッドの概念図

値注文の価格とボリュームから，売り値と買い値の重心価格とその差を重みスプレッドと呼び，それぞれ次式で定義する。

$$Mp_{ask}(t) = \frac{\sum_{j=1}^{D_{ask}} p_{ask}(j,t) \cdot V_{ask}(j,t)}{\sum_{j=1}^{D_{ask}} V_{ask}(j,t)} \tag{4.28}$$

$$Mp_{bid}(t) = \frac{\sum_{j=1}^{D_{bid}} p_{bid}(j,t) \cdot V_{bid}(j,t)}{\sum_{j=1}^{D_{bid}} V_{bid}(j,t)} \tag{4.29}$$

$$Moment\ Spread(t) = Mp_{ask}(t) - Mp_{bid}(t) \tag{4.30}$$

スライド 4.13 の重みスプレッドの概念図に示したとおり，$Mp_{ask}(t)$ は売り値の重心価格，$p_{ask}(j,t)$，$V_{ask}(j,t)$，D_{ask} はそれぞれ板の深さ j 番目に提示された売り値，注文量，売り値の深さの最大値であり，同様に，$Mp_{bid}(t)$，$p_{bid}(j,t)$，

$V_{bid}(j,t)$，D_{bid} はそれぞれ，買い値の重心価格，板の深さ j 番目に提示された買い値，注文量，買い値の深さの最大値である。

板情報には，注文価格と注文量が示されており，最良価格とその価格の注文量が深さ 1，そのつぎの価格と注文量が深さ 2 となり，ビッド（アスク）の場合は，深さが増えると提示された価格が安く（高く）なり，最良価格と比べて約定する可能性は低くなる。スライド 4.14 の概念図には，深さ 4 までの板情報が安定時と不安定時の二つの場合について示されている。価格が大きく動く不安定時は，安定時と比べてベストから離れた価格に注文が置かれる傾向があり，重みスプレッドも大きくなることが多い。本項で解析を行った 2008 年の ICAP 社提供の板情報には，深さ 10 までの価格と注文量が記録されている。重みスプレッドは，スプレッドの変化に加え，板の注文のばらつきといった板の注文の広がりを考慮できるメリットがある。

スライド **4.15** は，市場価格の移動平均価格からの乖離（横軸）と重みスプレッド（縦軸）の散布図であり，市場価格の移動平均価格からの乖離 $|P(n)-P_{M=150}(n)|$

市場価格の移動平均価格からの乖離（横軸）とモーメントスプレッド（縦軸）

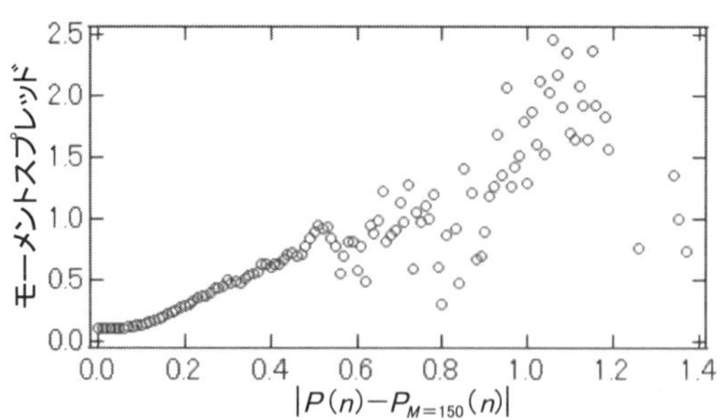

市場価格の移動平均価格からの乖離 $|P(n)-P_{M=150}(n)|$ が大きい（市場価格が大きく動くと）と，モーメントスプレッドも大きくなる傾向が見られる。

スライド **4.15**　市場価格の移動平均価格からの乖離（横軸）とモーメントスプレッド（縦軸）

が大きいと（市場価格が大きく動くと），重みスプレッドも大きくなる傾向が見られる。ここで，$P_{M=150}(n)$ は過去 150 ティック間の単純移動平均である。また，重みスプレッドは，ビッドアスクスプレッドと同様に，累積分布がべき分布になり，自己相関関数は長時間の相関を持つ。

4.2.3 ディーラーモデルへのスプレッドの時間依存効果の導入

スライド 4.15 でも見たとおり，価格が大きく動き市場が不安定なとき，ディーラーはリスクを回避するために，自身の買い値と売り値のスプレッドも大きくすると考えられる。そこで，過去の価格変動に依存して，スプレッド z が変化する効果を以下のように導入する。

$$z(n) = z(0) + a\,|P(n) - P_m(n)| \tag{4.31}$$

$$P_m(n) = \frac{1}{m}\sum_{k=0}^{m-1} P(n-k) \tag{4.32}$$

ここで，$z(n)$ は時刻 n におけるディーラーのスプレッドであり，$z(0)$ はスプレッドの初期値，$P(n)$ は市場価格，$P_m(n)$ は過去 m ティック間の移動平均であり，$|P(n) - P_m(n)|$ は市場価格が荒れているときは大きな値になる傾向を持つ。a は定数（$a \geqq 0$）で，市場の荒れ具合 $|P(n) - P_m(n)|$ に対する感応度であり，a が大きいと，市場が荒れた場合にスプレッドを大きくする傾向が強い。a は各ディーラーごとに設定することも可能であるが，ここでは，単純化のために各ディーラー共通とする。

スプレッドが時間依存する確率論的ディーラーモデルは

$$p_i(t+\Delta t) = p_i(t) + d_i(n)\langle \Delta P \rangle_M \Delta t + \frac{z(n)}{z(0)} \cdot f_i(t) \tag{4.33}$$

$$f_i(t) = \begin{cases} +\Delta p & (\text{prob. } 1/2) \\ -\Delta p & (\text{prob. } 1/2) \end{cases} \qquad (i = 1, 2, \cdots N)$$

で与えられる。$(z(n)/z(0)) \cdot f_i(t)$ は，ディーラーのスプレッドが大きい場合，各ディーラーのノイズ項が大きくなり，価格を大きく動かす傾向を持つ。

スライド 4.16 に示したとおり，安定時は各ディーラーの買い値と売り値の

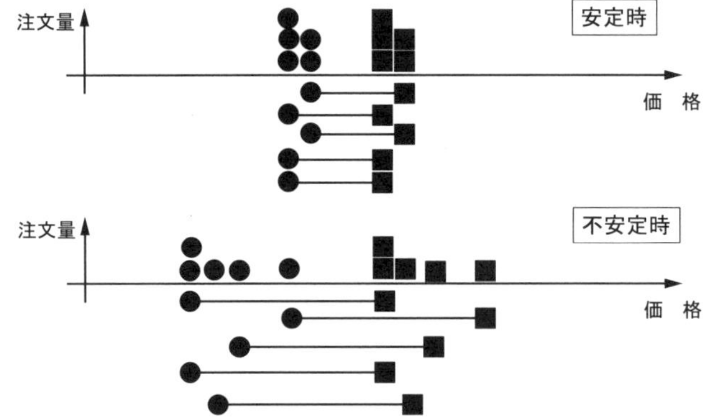

安定時は各ディーラーの買い値と売り値のスプレッドが小さく，指値注文がベストの価格付近にかたまるが，不安定時は各ディーラーのスプレッドが大きくなり，注文がベストから離れた位置にも置かれるようになり，板の指値注文の密度が低くなる様子を再現する。

スライド 4.16　安定・不安定時のディーラーモデルの板の様子（N=4）

スプレッドが小さく，指値注文がベストの価格付近にかたまるが，不安定時は各ディーラーのスプレッドが大きくなり，注文がベストから離れた位置にも置かれるようになり，板の指値注文の密度が低くなる様子を再現する。

スライド 4.17 に，スプレッドディーラーモデルによるシミュレーションの結果を示す。パラメータは，$N = 10$，$M = 1$，$m = 200$，$a = 0.25$，$S(0) = 0.035$ とし，ディーラーの戦略については，4.1.5 項で示したように，以下のような 1 次の AR プロセスで時間発展させる。

$$d_i = \overline{d} + \Delta d_i \tag{4.34}$$

$$\overline{d}(n+1) = (1 - e_0) \cdot \overline{d}(n) + \phi(n) \tag{4.35}$$

$$\phi(n) = \begin{cases} +0.01 & \text{(prob. } 1/2) \\ -0.01 & \text{(prob. } 1/2) \end{cases}$$

ここで，$e_0 = 0.0008$ と設定した。

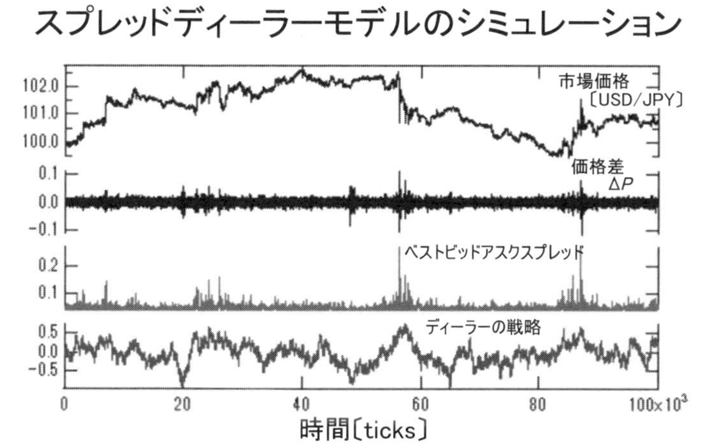

価格変動が大きいときスプレッドも大きくなり，大きな変動がかたまって現れるボラティリティークラスタリングが観測される。また，ディーラーの戦略が強い順張りのときにその傾向が顕著に見られる。

スライド **4.17**　スプレッドディーラーモデルのシミュレーション

シミュレーション結果を見ると，価格変動が大きいときスプレッドも大きくなり，大きな変動がかたまって現れる**ボラティリティークラスタリング**が観測される。また，ディーラーの戦略が強い順張りのときにその傾向が顕著に見られる。

モデルのパラメータは $N = 10$，$M = 15$，$m = 150$，$a = 0.1$，$z(0) = 0.01$ と設定した。トレンドフォローの強さ d_i に関しては，シミュレーションによって変化させるので，その都度紹介する。

4.2.4　ロスリミット効果と暴落現象

本項では，**ロスリミット効果**と暴落現象の関係性について解析を行う。市場で取引するディーラーは，さまざまな制限のもとで取引を行っている。この制約は，1 人のディーラーによって金融機関が手に負えなくなるほどの損失を防ぐために設定され，例えば，最大何本まで円またはドルを持っていいかというポジションリミットや，ある一定期間内の損失に対する制限（ロスリミット）が課される。ある時刻での損失の中には含み損（その時点でポジションを解消したときに生まれる損益）も含まれ，この損失が一度でもロスリミットの値を超えてしまうと，ディーラーはただちに取引を中止し，ポジションを解消しなければならない（かりに，ロスリミットを超えた10分後に価格変動が反転し，含み損が減り，ロスリミットの値に引っかからなくなったとしても，このディーラーはもう取引を行うことはできない）。

ポジションの解消方法は各金融機関の方針によるが，一般的に，ロスリミットを超えた時点でどのようにポジションを解消するかがすべて決められるようである。また，損失の上限も銀行の方針や各ディーラーの過去の実績などに応じてさまざまであるが，ディーラーの話では，ロスリミットは絶対に必要なルールであり，金融機関に所属し，市場で取引を行っているディーラーすべてに課されているといっても過言ではない。しかし，ディーラーモデルにこのルールを加えると，いままでは暴落がなかった市場でも暴落が起き，市場としてはかえって不安定になる。リスクマネジメントの市場価格への影響の考察は，過去に高橋らの論文があり，その中では，過度のリスクマネジメントを行うディーラーやまわりのディーラーの動向を考慮に入れるようなディーラーがいると，取引価格が理論価格から大幅にはずれることがあることを述べている[72)]。以下では，リスクマネジメントの中でも特にロスリミット効果に着目し，暴落現象との関連について解析を行った。

このロスリミット効果による暴落現象は，1人のディーラーがロスリミットに達してポジションを解消することで市場価格が変化し，さらにほかのディーラーもロスリミットに達することでポジションを解消し，さらに市場価格を動かすという意味で，市場を介した伝播現象ということができる。伝播現象は物理学の中では過去から膨大な研究がなされており，現在でも，Bakらの砂山崩しモデル[73),74)]に代表される自己組織化臨界現象は，盛んに研究が行われている。

● **ディーラーモデルを用いたシミュレーション**　ディーラーモデルを用いてロスリミット効果と暴落現象の関係を調べるシミュレーションを行うためには，モデル内のディーラーにポジションと損益の概念を加える必要がある。そこで，各ディーラーにポジションの変数 $S_i(n)$ と売買による累積の利益 $R_i(n)$ を与える。ここで，i はディーラーの番号であり，n はティック時間である。利益には含み益，含み損も入り，市場価格が変わるごとに変化し，ポジション S_i は i 番目のディーラーが取引を行うと変化する。ある時刻 n でのポジション $S_i(n)$ と累積利益 $R_i(n)$ の値は，以下のように書くことができる。

$$S_i(n) = \sum_{k=1}^{n} \Theta_i(k) \tag{4.36}$$

$$R_i(n) = \sum_{k=1}^{n} -\Theta_i(k)P(k) + S_i(n)P(n) \tag{4.37}$$

$$\Theta_i(n) = \begin{cases} +1 & \text{（買い）} \\ \pm 0 & \text{（取引なし）} \\ -1 & \text{（売り）} \end{cases} \tag{4.38}$$

$\Theta_i(k)$ は，例えば円ドル市場を考えたときに，時刻 k においてディーラーがドルを買えば $+1$，取引をしなければ 0，ドルを売れば -1 を返す関数であり，$P(k)$ は時刻 k における市場価格である。また，本ディーラーモデルでは，市場価格をベストビッドとベストアスクの中間値としているので，ビッドアスクスプレッドによるリスクは考慮されていないが，市場価格をベストビッドにするかベストアスクにするかを確率的に決めるなどすれば，ビッドアスクスプレッドによるリスクを含めたモデルに拡張することは可能である。しかし今回は，ロスリミットの効果に主眼を置いているので，市場価格はベストビッドとベストアスクの中間値を用いる。

スライド 4.18 は，N（ディーラー数）$= 50$ とした第一確率論モデルを用いて，シミュレーションを行った結果である。各ディーラーのポジションと利益の初期値はそれぞれ 0 であり，取引を重ね，時間が経過していくごとに変化し

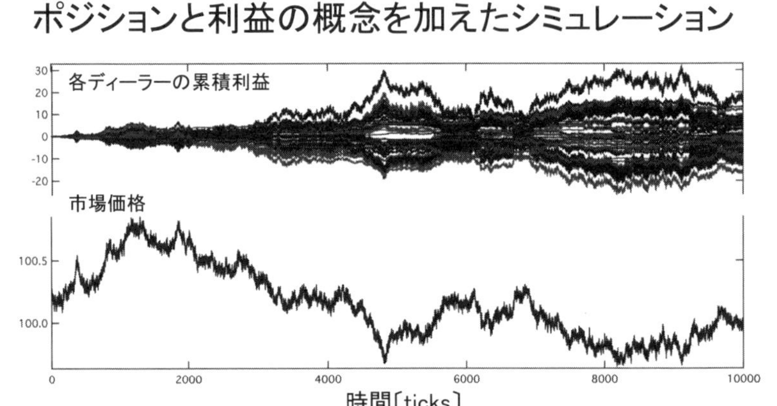

各ディーラーの累積利益では，正の値を持てば利益が出ているディーラー，負の値を持てば損をしているディーラーを意味する。価格が大きく変化すると，各ディーラーの利益も大きく変動する。

スライド **4.18**　ポジションと利益の概念を加えたシミュレーション

ていく。4 000～5 000 ティックのように市場価格が大きく変化すると，ディーラーの利益も大きく変化し，その変化量は各ディーラーのとっているポジションの量に比例する。

このポジションと累積利益の概念を追加したモデルに，ロスリミットの効果を加える。具体的には，ある時点でロスリミットに達したディーラーは，ドルロングの状態であればドルを売り，ドルショートの状態であればドルを買い戻すよう，式 (3.20) で定義される確率論的ディーラーモデルから以下の決定論的ディーラーモデルに変化させる。

$$p_i(t+\Delta t) = p_i(t) - \mathrm{sgn}(S_i(t))c' \tag{4.39}$$

式 (4.39) は，i 番目のディーラーがロスリミットに達した場合にとる行動である。ここで，c' は定数であり，Δt ごとに変化させる価格を表し，各ディーラーに対して一定とする。また，すべてポジションを解消したディーラーは市場から撤退し，新たに1人のディーラーがポジションと利益0の状態で外から入ってくる。

このロスリミットの効果を加えたモデルとロスリミットの効果なしのモデルの比較を，**スライド4.19**に示す。ここで，$N=50$，ロスリミットの値を20，$c'=5\times10^{-3}$と設定した。二つの時系列には同じ乱数を設定しており，途中まではロスリミット効果なしの価格とロスリミット効果ありの価格は同じ変動をするが，ロスリミット効果ありの場合は，大きな暴落現象が観測され，ロスリミットのない市場に比べてリスクの大きな市場であるといえる。つまり，各金融機関はリスクを小さくするために各ディーラーに対してロスリミットを設けるのだが，この効果は，かえって市場全体のリスクを大きくしてしまう。

ロスリミットの効果が，市場全体のリスクを大きくしてしまうことをスライド4.19で見たが，現時点では，ロスリミットは一般的に設定されているルール

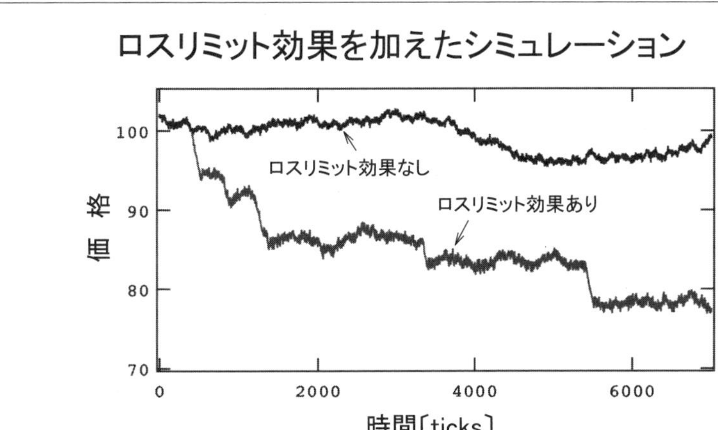

スライド4.19　ロスリミット効果を加えたシミュレーション

なので，これをなくすことは難しい。スライド 4.19 のようなロスリミットによる暴落の影響を小さくするためには，ポジションの解消方法を工夫する必要があると考えられる。つまり，大きなポジションをどのように小分けにして解消したら，市場の価格をそれほど変化させずに取引ができるかという問題である。この問題は，大手企業から大きな注文が入ったとき，どのように分散させて注文を入れるかという問題とも等価で応用範囲が広い。

4.3 ディーラーモデルを用いた政府の介入事例の再現

本節では，2011 年 10 月 31 日の日本政府による為替介入（外国為替平衡操作）を確率論的ディーラーモデルによって再現することを試みる。この日は，投機的な市場の抑制を目的に 8 兆 722 億円の円売りドル買いの非常に大きな介入が行われ，スライド **4.20** のように，円安方向に動いた。政府による介入の時

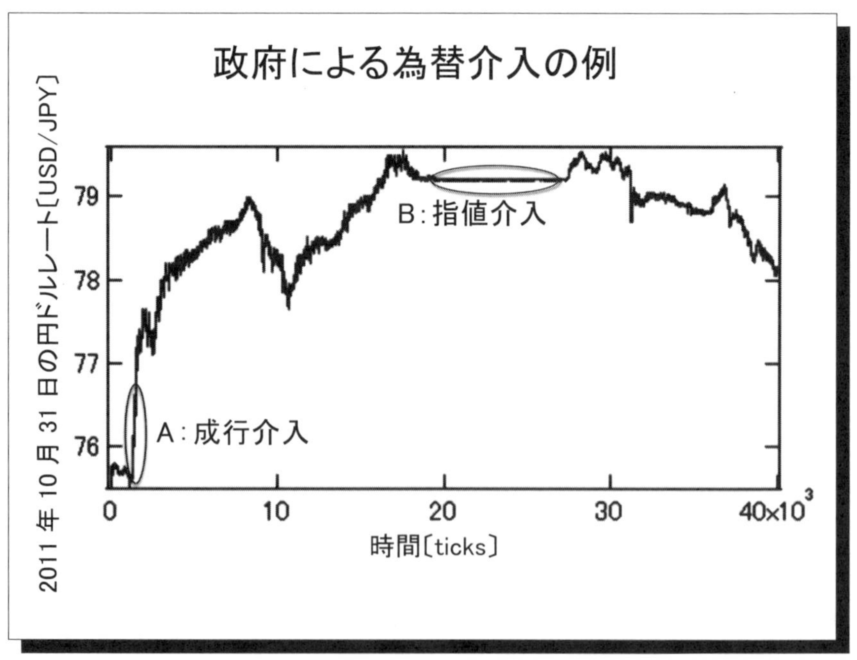

スライド **4.20**　政府による為替介入の例

期と総額は公表されているが，その期間内でいつ，いくら介入したかまではわからない。しかし，市場関係者の話や価格変動と板情報の可視化結果から，スライド 4.20 の A のあたりで成行介入，B のあたりで指値介入があったと推測される。

4.2.3 項で紹介したスプレッドディーラーモデルをベースに，利益確定と損切り行動など，追加する効果を以下の項で紹介する。モデルのパラメータは，$N = 10$, $M = 15$，$m = 150$，$a = 0.1$，$z(0) = 0.01$ と設定し，トレンドフォローの強さ d_i に関しては，シミュレーションによって変化させるので，その都度紹介する。

4.3.1 利益確定と損切り行動の追加

〔**1**〕 **利益確定行動**　現在保有しているポジションに対して，ある閾値を超えた利益が出た場合にポジションを解消し，利益を確定する行動。つまり，4.2 節で導入した累積利益 $R_i(n)$ に対して，$R_i(n) > R_P \cdot R_i(n - R_n)$ であれば，利益確定を行う。

〔**2**〕 **損切り（ロスカット）行動**　ある閾値を超えた損益が出た場合にポジションを解消し，損益を確定する行動。つまり，$R_i(n) < R_C$ であれば，損切りを行う。

4.3.2 介入を想定した価格変動の設定

政府による為替介入の方法は，価格を指定しない成行介入と，価格を指定する指値介入の二つの方法があると考え，それぞれに対応した価格変動を以下のように設定する。

〔**1**〕 **成行介入**　$n + 1$ ティック目に成行介入を行った場合，約定価格 $P(n+1)$ を以下のように設定する。

$$
\begin{cases}
P(n+1) = P(n) + \dfrac{z(n)}{2} & \text{：買い介入の場合} \\
P(n+1) = P(n) - \dfrac{z(n)}{2} & \text{：売り介入の場合}
\end{cases}
\tag{4.40}
$$

〔2〕 **指 値 介 入**　　指値介入は，どの価格にも注文を出すことができるが，ここでは，スライド4.20のB付近の変動を再現するために，$n+1$ティック目に指値介入を行っていたと仮定し，約定価格 $P(n+1)$ を以下のように設定する。

$$P(n+1) = P(n) \tag{4.41}$$

4.3.3 トレンドフォローの強さと介入時の価格変動の関係

ディーラーのトレンドフォローの強さ d と価格変動の関係を**スライド4.21**に示す。スライド(a)は，750〜763ティック目まで連続14回の買い成行の介入を行った場合を想定したシミュレーション結果である。各ディーラーのトレンドフォローの強さ d は，750ティック目までは $d=-0.2$（逆張り）であり，750ティック目に $d=1.0$（強い順張り），$d=0.5$（順張り），$d=-0.2$（逆張り）へと

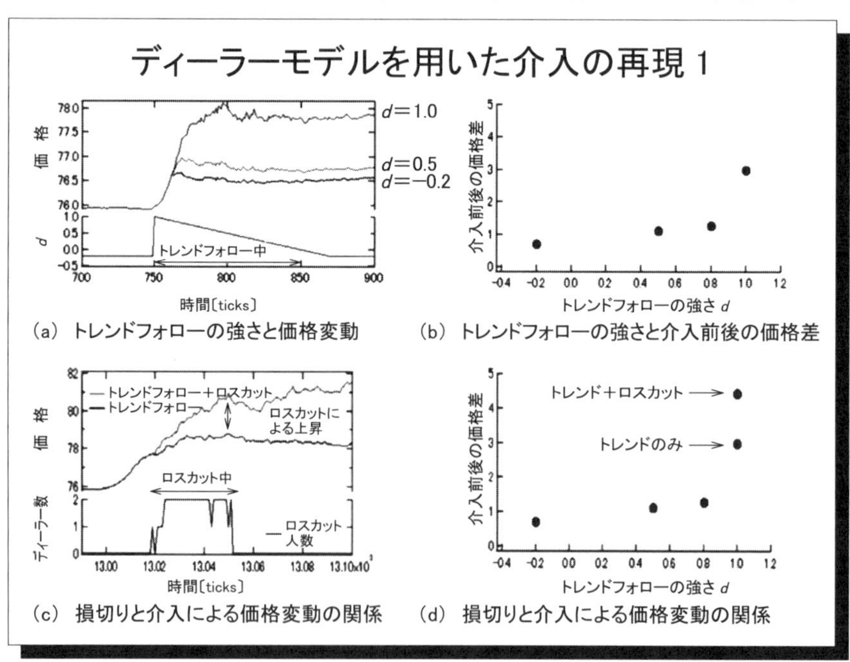

スライド 4.21　ディーラーモデルを用いた介入の再現 1（文献58) をもとに作成）

それぞれジャンプさせ，その後は，$d(n) > -0.2$ の場合は $d(n+1) = d(n) - 0.01$ と 1 ティックごとに 0.01 ずつ減少させる。スライド (a) 下段は，750 ティック目に $d = 1.0$ へジャンプさせた場合の例である。

スライド (b) は，10 000 回シミュレーションを行ったときの介入前後での価格差の平均値とトレンドフォローの強さの関係であり，トレンドフォローが強い場合（順張り）に介入が行われると，各ディーラーの指値もこのトレンドに強く影響されて，大きな価格変動となることがわかる。

4.3.4 損切り効果と介入時の価格変動の関係

スライド 4.21 (c)，(d) は，4.3.3 項の設定（$d = 1.0$）に損切り効果を加えた介入シミュレーションの結果であり，損切りの効果を導入したモデルのほうが，価格が大きく動いていることがわかる。これは，4.2.4 項でも見たように，価格が上昇したことで，ドル売り円買いのポジションを持っていたディーラーが，ロスリミットに達し，ポジションを解消（ドル買い円売りを行う）することで，さらに価格が上昇したためである。

4.3.5 政府による為替介入時の再現

スライド 4.22 に，スライド 4.20 で示した 2011 年 10 月 31 日の介入時の価格変動を再現した結果を示す。このシミュレーションでは，これまでの設定に新たに利益確定の効果を追加しており，パラメータを $R_p = 1.5$，$R_n = 100$ と設定した。つまり，過去 100 ティック前に比べて利益が 1.5 倍以上になれば，利益確定のためにポジションを解消する。また，介入は 750 ティック目から 18 回連続で成行介入を行った。介入時にディーラーは介入によってさらに価格が上がると判断すると仮定し，トレンドフォローパラメータを $d = -0.2$ の逆張りから $d = 0.47$ の順張りへと変化させ，その後 1 ティックごとに 0.001 ずつ減少させた。これは，政府の介入により市場が急激に不安定な状態になり，徐々に安定な状態に緩和する過程を想定している。790 ティック付近からの価格の下落は利益確定効果によるものであり，その下落を止めるために 4 回の介入を

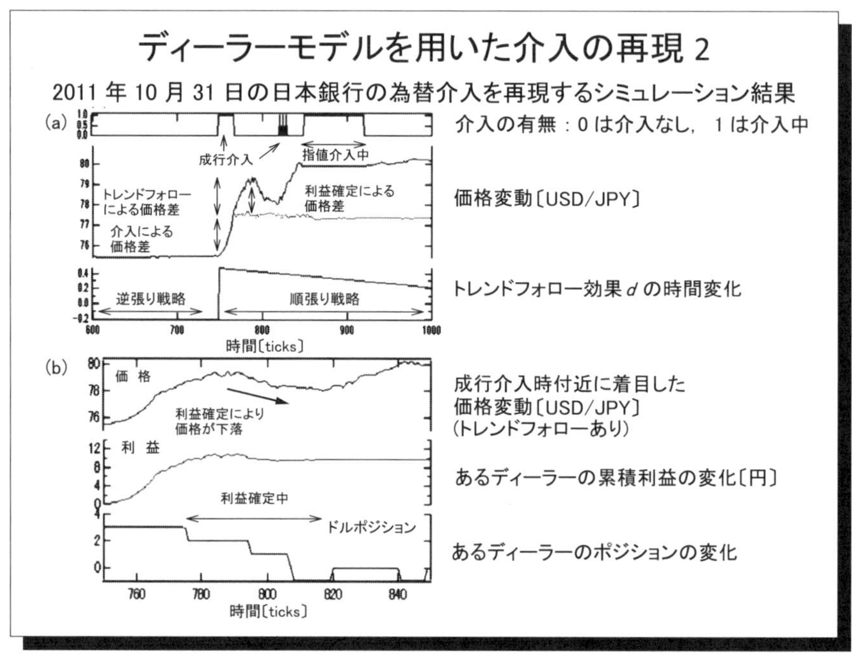

スライド **4.22**　ディーラーモデルを用いた介入の再現 2（文献58) をもとに作成）

行った。この介入が政府によって実際に行われたか利用できるデータの範囲からはわからないが，このような設定にすると，実データをよく再現する。そして，850〜920 ティックの間，指値介入を行い，価格がほぼ一定の期間を再現した。これらの設定によって作成された価格変動の時系列は，実際の介入時の価格時系列をよく再現している。

このように，徐々に新たな効果を加えていく手法は，それぞれの効果が価格変動のどの部分に影響を与えているのかが，明確になる利点がある。政府の介入方法など，実データがなく仮定した部分に関しては，より詳細な実データが入手できた場合に，その妥当性が検証可能であれば検証を行い，実データと差異がある場合は，その部分を修正することによってより現実的なモデルへ洗練することが可能となる。

4.4 ディーラーモデルのさらなる拡張

ここまでで，ディーラーモデル構築方法やシミュレーション，数理解析，そして応用などを紹介してきた。ここでは，ディーラーモデルのさらなる拡張の可能性について述べる。新たな効果をモデルに加えると，一般的にはモデルの記述力が上がり，よりさまざまな状況をシミュレーションすることが可能となる。しかし一方で，モデルの持つパラメータ数が増え，モデルをコントロールすることや，ある現象に対してどのパラメータが本質的に寄与しているかが，わかりにくくなるデメリットもあることに注意が必要である。

4.4.1 ニュース効果の導入

ここまで紹介したモデルは，過去のトレンド（価格変動）や市場のアクティビティー（取引間隔）が現在のディーラーの行動にフィードバックする効果をモデルに導入することで，為替市場から観測される経験則を再現してきた。しかし，1.3 節でも紹介したように，金融市場をモデル化するうえで，内生的なフィードバック効果のほかに，ニュースなど外生的な効果を考慮することも重要である。この外生的な効果に関しては，例えば，4.3 節の政府による介入などがその一例であり，部分的にはディーラーモデルに実装されている。しかし，政府の指標発表や大きなニュースが発表された後の価格の振舞いや，ニュースの影響の緩和過程などについては，実データ解析と並行して議論を深める余地がある。

4.4.2 株式市場のディーラーモデル

これまでは，為替市場に対するディーラーモデルを構築し，為替市場のビッグデータから観測される経験則の再現や，政府による介入のシミュレーションなどを紹介した。為替市場のディーラーの行動と株式市場のディーラーの行動は，本質的には大きく変わらないと考えられる。実際に株式市場の価格変動からもボラティリティーのべき乗則など為替市場と共通した統計的性質が観測されるので，為替市場に対して構築されたディーラーモデルのパラメータを株式市場用に調整することで，株式市場に対応したディーラーモデルを構築できると考えられる。

株式市場を対象とした5章で用いられているモデルにも，式 (5.1) のように，過去のトレンドに対する戦略（テクニカル）項やノイズ項が含まれている。加えて，式 (5.1) ではファンダメンタル価格と現在価格の乖離に反応する効果が含まれている。株式市場では，企業の業績に株価が大きく影響されるので，このような効果を加えることは有効であると考えられる。ディーラーモデルにこのような効果を導入するためには，例えば，トレンドフォローの効果を加えた第三確率論モデルに，以下のようにファンダメンタル効果を加えることが可能である。

$$
\begin{aligned}
p_i(t+\Delta t) = p_i(t) &+ d_i^{(\mathrm{fundamental})}\{P(t) - P_i^{(\mathrm{fundamental})}(t)\}\Delta t \\
&+ d_i^{(\mathrm{trend})}\langle \Delta P\rangle_M \Delta t + c f_i(t)
\end{aligned}
\tag{4.42}
$$

$$
f_i(t) = \begin{cases} +\Delta p & (\mathrm{prob.}\ 1/2) \\ -\Delta p & (\mathrm{prob.}\ 1/2) \end{cases} \qquad (i = 1, 2, \cdots, N)
$$

ここで，$P_i^{(\mathrm{fundamental})}(t)$ は i 番目のディーラーが考えるファンダメンタル価格であり，$d_i^{(\mathrm{fundamental})}$ は，自分の考えるファンダメンタル価格と市場価格の乖離 $\{P_i^{(\mathrm{fundamental})}(t) - P(t)\}$ に対する戦略であるが，ディーラーは，長期的には市場価格はファンダメンタル価格に近づくと考えると想定されるので，$d_i^{(\mathrm{fundamental})}$ は負の値に設定するのが自然である。また，$d_i^{(\mathrm{fundamental})}$ と $d_i^{(\mathrm{trend})}$ の比率を調整することで，ファンダメンタルを重視するディーラーや過去のトレンドを重視するディーラーを設定可能である。

4.4.3 複数通貨ペアや複数市場のディーラーモデル

2～4章で紹介したディーラーモデルは，円ドル市場など単一の市場に限定したシミュレーションであった。しかし，現実には円ドル市場以外の通貨ペアでも取引は行われ，相互に影響を及ぼし合っている。また，より広い視点から見れば，株式市場などからの影響も考えられる。これらすべての市場の影響をすべて考慮するのは難しいが，例えば，複数の通貨ペアが存在するディーラーモデルを構築することは可能である。ただし，それぞれの通貨ペアの市場で，ディーラーが一つの通貨ペアの情報のみで取引を行う場合は，価格変動に対して通貨ペア間の相関は発生しない。通貨ペア間の相関を生み出すためには，複数の通貨ペアで取引するディーラーや自身がおもに取引する通貨ペアと，ほかの通貨ペアの両方の価格変動を考慮するディーラーを導入することで，複数の通貨ペアの価格変動に相関が生まれる。このような，複数通貨ペアや複数市場のモデルを構築することは，モデルが複雑になるという短所はあるが，複数市場にまたがる連鎖的暴落現象をエージェントシミュレーションを用いて解析するうえで重要である。

5章 エージェントベースモデルによる金融市場の制度設計

◆本章のテーマ

最初に，金融市場をうまく設計することは社会にとって重要であり，そのためには，人工市場（金融市場のエージェントベースモデル）による分析が必要であることを述べる。そして，人工市場が制度設計の議論に貢献できるまでに発展してきた歴史を振り返る。さらに，制度設計に用いる人工市場の一例を紹介することによりその特徴を説明し，制度設計に貢献した例として，呼値の刻みの適正化の事例を紹介する。最後に，最近の金融市場の高度化に関して影響分析をした事例を簡単に紹介する。

◆本章の構成（キーワード）

5.1　金融市場の制度設計の重要性
　　複雑系としての金融市場
5.2　人工市場の発展と金融市場の制度設計
　　ミクロ・マクロ・ループ，マクロはミクロの単純な和ではない
5.3　制度設計に用いる人工市場
　　モデルの適切な複雑さ，知識獲得
5.4　呼値の刻みの適正化
　　呼値の刻み，取引市場間競争
5.5　最近の金融市場高度化の影響分析
　　取引市場高速化，高頻度取引，ダークプール
5.6　まとめと今後の展望

◆本章を学ぶと以下の内容をマスターできます

☞　金融市場の制度設計の重要性
☞　制度設計に用いる人工市場（金融市場のエージェントベースモデル）の特徴
☞　最近の金融市場高度化の影響

5.1　金融市場の制度設計の重要性

人類は，お金と物の交換を高度に行い，協力し合うことにより，ほかの動物を凌駕して文明を築いたといっても過言ではないだろう。そのようなお金と物の交換を行う場所を市場と呼ぶが，市場には，このように協力という側面があるとともに，個々人がいかに利益をあげるかという競争の場でもある。このような競争があるからこそよりよい物が生産され，よりよいサービスが生まれ，価値の創造がなされる。

金融市場は株式や債券，通貨などの具体的な物ではなく，信頼関係によって初めて価値が成立する抽象的な物を交換することにより，お金の貸し借りという高度な協力関係を可能とする場所である。あらゆる産業は価値を創造するにはまず投資が必要であり，お金の貸し借りの場である金融市場は必要不可欠な存在である。一方，幾度となく繰り返されてきた金融市場の危機が，実体経済に損害を与えてきたことも事実である。

そのため，「金融市場は規制をなくし，自由な競争に任せるのがよい」という意見と，「金融市場は社会を破壊する悪である」という両極端な意見が時々見られる。しかし，McMillan が述べたように，「市場はそれがうまく設計されたときにのみ，うまく機能する」[75] と考えるのが妥当であろう。つまり，金融市場は人類発展に必要不可欠な道具であり，道具である限り，うまく設計しなければ機能しない，ということである。そのため，金融市場の制度設計をいかにうまく行うかは，社会の発展にとって非常に重要であることは明らかである（**スライド 5.1**）。

また，McMillan は「市場は，少なくとも物理学者や生物学者が研究してきたシステムと同じくらい複雑で高度なシステムである」とも述べている。そのような複雑系システムでは，ミクロ現象とマクロ現象の相互作用の分析が重要であり，エージェントベースモデルによるシミュレーションがその分析に役立つ。しかし以前は，金融市場の制度設計の議論は，実証分析のみをよりどころとして行われたことが多く，ひどい場合は上述の「自由な競争に任せるのがよ

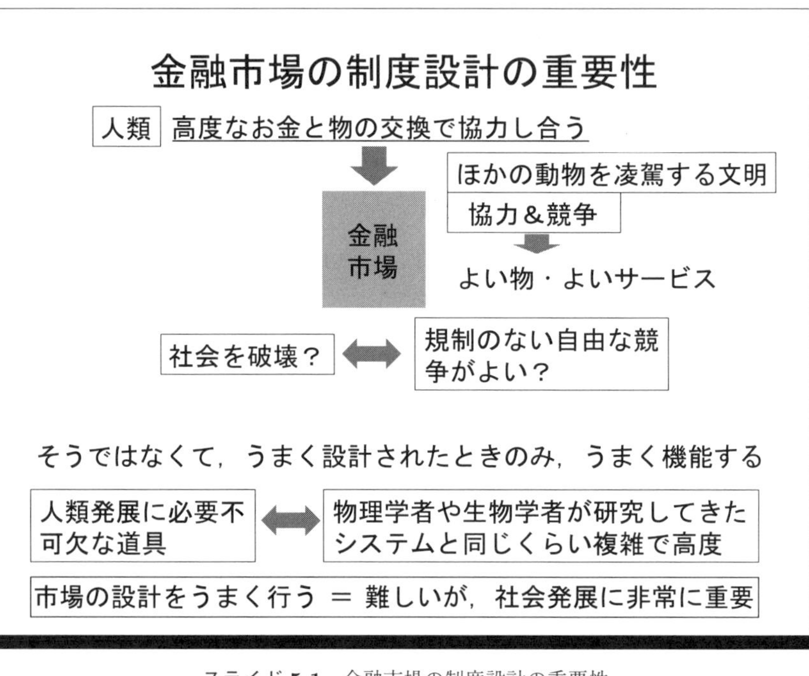

スライド **5.1**　金融市場の制度設計の重要性

い」といった信念のみで制度設計が議論されたこともあった。

実証分析で制度変更を議論する場合は，実際に制度変更した前後のデータが必要であるが，制度変更の事例が少なかったり，まだ導入したことがない制度であったりすると，非常に困難を伴う。また，複雑系である金融市場にはさまざまな要因が複雑に関わっているため，制度変更の効果だけを取り出すのは困難である。さらに，ミクロとマクロの相互作用のメカニズムについての議論もなかなか難しい。

このような実証分析の欠点を補うのに，エージェントベースモデルは最適である。実際，これまでの伝統的な経済学で使われてきた手法では，よい制度設計を見つけられなかったと批判したうえで，エージェントベースモデルに期待をかける論考が『Nature』[76)] や『Science』[77)] にも掲載されている。また，喫緊の課題として，金融市場の制度設計を議論している実務家からの注目も高い。

実市場を分析するためのエージェントベースモデルは，人工市場と呼ばれる。最近になってようやく，制度設計の議論に貢献できるエージェントベースモデルが現れ始めた。このようなモデルを使った研究はまだ多くなく，本章で紹介する研究は，著者らの研究を中心とせざるを得なかった。数多く存在する金融市場の設計の中では，エージェントベースモデルで議論できる設計はまだ数少ない。今後適用できる人工市場が増えていき，うまく金融市場を設計することに貢献し，社会の発展につながっていけばと願っている。

本章ではまず，5.2 節でこれまでの人工市場研究を振り返り，近年，制度設計の議論に使えるまでに発展してきたことを述べる。その後，5.3 節で制度設計に用いる人工市場モデルの特徴を述べ，具体的なモデルも紹介する。つぎに 5.4 節では，呼値の刻みの適正化という実際に行われた制度変更の議論に貢献した人工市場研究を，制度変更が行われた社会的背景なども踏まえて紹介する。さらに 5.5 節で，最近の金融市場高度化の影響を人工市場で分析した研究をいくつか簡単に紹介し，5.6 節で本章のまとめを述べる。

5.2　人工市場の発展と金融市場の制度設計

金融市場は，さまざまな計算が集まり競合する場である。将来の金融価格を予測し利得を得るために，市場参加者たちは各種の情報から計算を行う。市場に集まった注文から金融価格が決まるメカニズムも一種の計算である。これらのさまざまな計算の相互作用からどんな市場現象が生じるのかを，計算機シミュレーションによって解明する試みが，人工市場研究である。本節では，人工市場の代表的な研究を紹介して，人工市場が市場分析にどのように役立ってきたのか，どんな背景のもとで制度設計の議論に使えるまでに発展してきたのかを述べる。

金融市場では，さまざまな思惑を持った人々が相互に影響を与え合っている。数年間の長期的な投資を行う人々もいれば，数時間や数分間の短期的な売買を行うデイトレーダーもいる。配当金や株主優待が目的で市場に参加している人たちもいれば，企業買収のために大量の株を取得しようとする人たちもいる。市場での売買で利得を得るという目的は共通であっても，利得をどのように計算するのかは市場参加者間で異なる。たとえ利得に対する考え方が同じであったとしても，各人が注目している情報やその解釈が異なれば，将来の利得の予測方法は人によって異なるだろう。このようなそれぞれ別々の計算を行う市場参加者間で売買されて決定されるのが，市場価格である。

ところが，これまでの伝統的な経済理論に基づく金融市場のモデルにおいては，金融市場には合理的な人間しか存在しないと仮定されていた。そのため，市場参加者間の個人特性の違いや相互作用は軽視されてきた。しかし，このような過度に理想的で非現実的な市場モデルでは，実市場で起きている近年の急激な市場変動をうまく取り扱うことができなかった。このような現状の中から，より現実的な市場のモデルを目指した人工市場と呼ばれるアプローチ方法が新たに現れたのである。

5.2.1　人工市場＝仮想ディーラー＋価格決定メカニズム

人工市場とは，その言葉のとおり，計算機上に人の手によって人工的に作り出された架空の市場のことであり，実市場を分析するためのエージェントベースモデルである。人工市場は計算機プログラムで表現された仮想ディーラーを基本単位とし，仮想ディーラーたちが取引する金融資本に関する価格決定方式を持つ。

〔1〕 エージェント＝ミクロな基本単位としての仮想ディーラー　　大部分の人工市場は，株式や外国為替などの金融市場を対象にしている。人工市場に参加しているのは，金融資本を売買するためのルールが計算機プログラムで表現された，**エージェント**と呼ばれる仮想ディーラーである。また，ときには，生身の人間が計算機プログラムに混じって人工市場での取引に参加する場合もある。人工市場の中にいる各エージェントは，金融価格の変動に関連する情報を入力として受け取り，その情報と自分なりのルールに基づいて仮想的な資本を売買する。また，自分なりの売買行動のルールを，より高い利得があげられる

ように修正していく。このような仮想資本の取引の結果，人工市場の中で仮想的な金融価格が決定される。つまり，エージェントは人工市場を構成する際の一番ミクロなレベルの基本単位となっているのである。

〔2〕 **ミクロとマクロをつなぐ価格決定メカニズム** 各エージェントの投資行動が集積し，仮想的な市場全体での金融価格が決定される方式を，**価格決定メカニズム**と呼ぶ。人工市場のおもな目的は，市場参加者のミクロな行動が集積して，金融市場全体で見られるマクロな現象が出現する仕組みを解明することである。そのため，価格決定メカニズムは，ミクロとマクロをつなぐ重要な構成要素であり，実市場現象の構造を反映したものでなければならない。人工市場でよく用いられる価格決定メカニズムには，実市場のように売り手と買い手が出会って個別に売買が成立していく**ザラバ方式**と，市場全体の需要と供給をいったんすべて集めて需給が釣り合うところで金融価格が決定される**板寄せ方式**の 2 種類がある。ザラバ方式の場合，市場価格は逐次的に連続して決定されるが，板寄せ方式の場合は一定間隔ごとの不連続で市場価格が決まっていく。

5.2.2 なぜ市場は予測できないのか

前項では，人工市場研究の目的が金融市場におけるミクロ–マクロ関係の解明にあることを述べたが，本項では，なぜミクロ–マクロ関係が市場分析にとって重要か，市場の予測可能性の観点からより詳細に説明する。

〔1〕 **ミクロ・マクロ・ループによる市場の構造変化** 過去の情報からは金融市場は予測できないとする効率的市場仮説の提唱以来，金融市場のデータを用いた実証研究の分野では，金融市場の予測可能性についてさまざまなテストが行われてきた。何種類かの金融市場のモデルを用いて実データを使った外挿予測テストを行った結果，ファンダメンタルズなどの過去の情報を用いて推定されたモデルよりも，単なるランダムウォークモデルの予測力が優っており，市場の予測可能性について否定的な結果を示す研究がある。一方，別の研究では，因果関係は明確でないが，実市場に存在する規則的なパターンが報告され

ており，これは市場の予測可能性を示している。いずれにしろ，実市場のデータ分析において，いまのところ共通している点は，たとえ金融市場がまったくの不規則ではなく，ある程度の規則性があるとしても，それらの規則性は時間とともに有効性が変動したりするので，定常的に金融市場を予測できるような方程式を見つけることが難しいということである。

金融市場の予測が困難である原因は，金融市場に**ミクロ・マクロ・ループ**が存在するからである。金融市場は市場参加者という要素から構成されている。しかし，金融バブルのような市場全体で見られる現象の原因すべてを，各市場参加者個人の意図や行動に還元することはできない。つまり，金融市場は構成要素である市場参加者の単純な総和ではない。したがって，金融市場は市場参加者個人より上位のレベルにあるという枠組みでモデルを作るほうが妥当であろう。構成要素である各市場参加者個人に関することをミクロなレベルとする。また，市場参加者の行動が集積した結果現れる価格変動などの金融市場全体の動きに関することをマクロなレベルとする。

金融市場におけるミクロ・マクロ・ループとは，市場参加者の行動の集積が市場全体の動きを生成し，さらに市場全体の動きが市場参加者の行動を変化させていくような循環のことを意味している。市場全体というマクロなレベルで観察すると，市場の挙動パターンは期間ごとに大きく構造を変化させているように見える。例えば，ある期間の金融市場はある特定の経済情報に対して敏感に反応して変動が大きくなる構造をもっていたりするが，別の期間の金融市場は，情報にはまったく反応せず変動がとても小さい構造だったりする。このような構造の変化に適応しようとして，市場参加者は学習により自分たちの行動ルールを変化させていく。市場参加者の行動ルールが変化することによって，金融市場全体の挙動はさらに新たな構造へと変化していく。このようなミクロとマクロがたがいに相手を変化させながら自らも変化していく関係が，ミクロ・マクロ・ループである。このようなミクロ・マクロ・ループが存在する金融市場では，すべての期間に共通してマクロな挙動を予測できるような方程式を見つけることは，とても困難である。

〔2〕 人間のアイデアを人工市場でテストする ミクロ・マクロ・ループのメカニズムの解明は，従来の経済学における金融市場のモデルではうまく解決することができなかった重要な課題である。このような課題に対する取り組みとして，人工市場研究を位置づけることができる。人工市場研究は，より現実的な市場のモデルを目指し，仮想ディーラーの行動ルールというミクロなレベルからマクロなレベルの市場現象が現れてくるという枠組みを採用することによって，ミクロ・マクロ・ループの解明を目標としている。計算機の中に仮想的な市場を作り，どの市場参加者の行動ルール（ミクロ）とどの市場現象（マクロ）が同時に変化してたがいに影響し合っているのかを解明するためのツールが，人工市場なのである。

それでは，市場参加者のどの行動ルールが，対象になる市場現象と関係がありそうかというアイデア（仮説）は，どこから来るのであろうか。そのような思いつき自体を計算機が自動的に生成することはかなり困難である。やはり人間が見つけるしかない。そして，人間の豊かな発想や新たな発見から得られたアイデアの有効性について，テストを行う必要がある。アイデアに基づいて市場モデルを決めてしまえば，後は計算機の膨大な処理能力を利用して，そのモデルで対象となる市場現象を再現できるか試せばよい。モデルの設定を変えれば，複数の条件でのテストを高速に行うことができ，モデルに入力するデータやモデルが出力した大量のデータも計算機で分析することができる。人工市場は，現実世界では起こらなかった環境を設定することも可能であり，そのような架空の条件での金融市場の振舞いも調べることができる。つまり人工市場では，市場現象に関して人間が思いついたアイデアを検証・テストすることができる。ミクロ・マクロ・ループによって構造を絶え間なく変化させている金融市場は，マクロなデータを分析しているだけでは予測困難であり，人工市場のようなアプローチが分析に必要不可欠である。

5.2.3 人工市場研究の発展にある背景

前項で紹介した人工市場研究の発展は，二つの大きな流れを背景にしている（**スライド 5.2**）。一つは，情報通信技術の発展に基づいて，実市場環境が電子化・ネットワーク化されてきていることである。もう一つは，分析データが詳細化したことによって，金融市場に関する理論がトップダウン型のモデルからボトムアップ型のモデルに変わってきた流れである。

〔**1**〕 **市場環境の電子化・ネットワーク化**　情報通信技術は，金融市場に重大な変化をもたらした。まず，市場情報の電子化により，過去の価格や経済指標データ・関連する経済ニュース・市場レポートなどのさまざまな市場に関する大量の情報が，瞬時に市場全体を駆け回るようになってきた。さらに，金融取引自体も，この 10 年間で自動化と新技術によって大きく変わった。情報やネットワークの高速化と取引の電子化は，あらかじめ設定したアルゴリズム

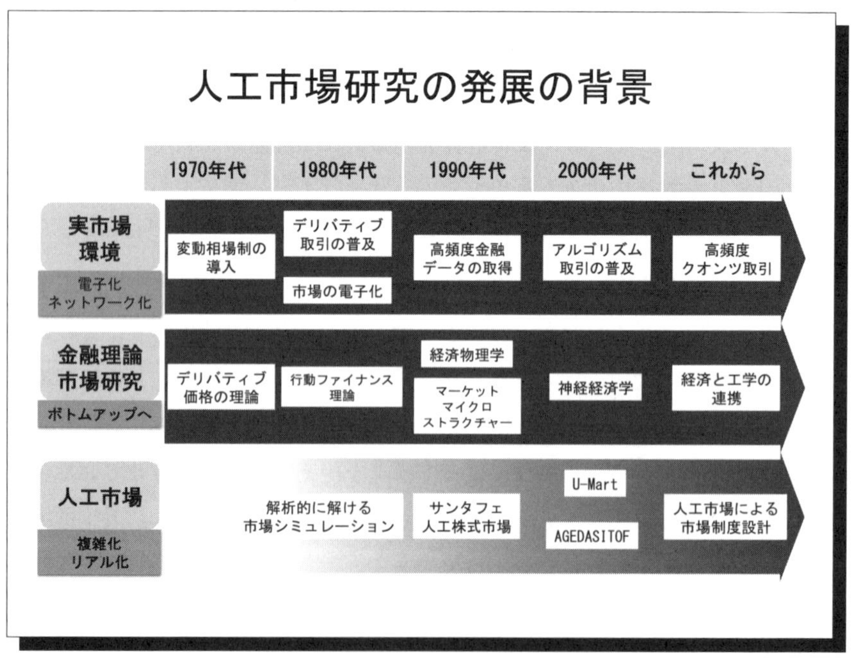

スライド **5.2**　人工市場研究の発展の背景

をもとに，計算機で自動的な取引を作り出すことを可能にしている。米国の証券市場では現在，自動取引プログラムを用いた取引が，取引量ではすでに大半を占めている。もはや多くの市場参加者は，なんらかの電子的な取引方法を使わなければ，注文をこなすことができない。現在普及しているアルゴリズム取引の大部分では，売買の方向や総量はあらかじめ人間が決めてプログラムに設定しておく。アルゴリズム取引のプログラムは，売買の分割の仕方とタイミングだけを自動的に決める。これからは，さまざまなニュースや数値データを分析して，最初の売買方針までも自動的に超高速で決めてしまう，高頻度クオンツ取引が普及するといわれている。しかし，取引戦略の自動化や高度化が市場全体に与える影響については，よくわかっていない。2010 年 5 月に米国株式市場の価格が一瞬で乱高下したフラッシュ・クラッシュも，高速自動取引が一因であると指摘されている。ただし，別の要因も指摘されており，フラッシュ・クラッシュと高速自動取引の関係はすべてが明らかになってはいない。市場の電子化・ネットワーク化が市場機能に影響を与えるメカニズムを解明し，市場の安定性と信頼性を維持できるような市場制度をデザインする技術の確立が急務となっている。

〔**2**〕 **ボトムアップ型の金融理論・市場研究へ**　　市場の電子化に伴って，これまでは 1 日や 1 時間おきにしかわからなかった市場価格や注文情報が，秒以下の高頻度で瞬時に計測・蓄積されるようになった。実市場からより詳細なデータを得ることができるようになったのに合わせて，金融市場の研究アプローチも，市場全体のマクロな視点をもとに理論やモデルを構築するトップダウン型から，市場参加者の行動や心理というミクロな視点をもとにしたボトムアップ型に変わってきた。1970 年代には，マクロな金融価格の動きが正規分布に従う確率過程であるという前提のもとに，デリバティブ（金融派生商品）の価値を計算する，金融工学のオプション理論が普及した。この理論では，市場参加者の合理性や市場の効率性という理想的な条件を仮定して，ミクロな市場参加者の行動がどうなっているのかということには触れていない。しかし，その後市場データが集まるようになると，多くの金融市場では，価格変動は正規分布

ではなく，平均の辺りのピークが高く裾野が広いファットテール分布であることがわかった。特に，近年のような金融市場の大幅な変動は，価格変動が正規分布という仮定ではほとんど起こりえない現象となってしまい，この仮定があまりにも非現実的だという批判が起こった。ほかにも，市場データの分析により，従来の金融理論ではうまく説明できない現象が多く発見されるようになった。行動ファイナンスという分野では，行動科学の知見や心理実験などの手法を用いて，市場現象に関連する市場参加者個人の心理や行動特性を分析している。そして，ミクロな個人行動とその相互作用から，マクロな市場現象が現れてくることを説明するための市場理論が現れた。経済物理学では，ミクロ–マクロ関係のモデル化に，物理学で使われるモデルや手法を当てはめて解析する。マーケット・マイクロストラクチャー理論では，意思決定論やゲーム理論の知見から，人間の行動決定を効用関数などの数式を用いてモデル化して，金融市場における取引制度や情報の流通がどのように金融価格形成に影響を与えているのかを数理的に分析する。2000 年代半ばから，機能的磁気共鳴画像法（fMRI）を始めとする新しい脳観測技術を，経済的選択時の脳活動の分析に用いる神経経済学の発達がめざましい。近いうちに，市場行動の背後にある認知機構や思考過程のメカニズムが解明され，金融市場のモデル化に役立つことが期待される。金融市場分析の分野では，ボトムアップ型の市場理論をより発展させるため，さまざまな研究分野との融合，特に大規模データ解析やシミュレーション研究分野との連携が，今後ますます深まっていくだろう。

〔3〕 より現実的な人工市場へ　　人工市場も経済物理学などと同様に，ミクロな行動からマクロな市場現象のモデル化を行う。経済物理学では，市場現象全体の振舞いの法則性を見つけ出すことに重点が置かれている。一方，人工市場は，市場参加者の現実的な特性をモデルに組み込むことによって，その集合としての市場の振舞いを再現することに重点が置かれている。したがって，行動ファイナンスによって明らかになった市場参加者の行動特性を反映したモデルを構築したり，実市場に適用可能な取引戦略を実装したエージェントをモデルに参加させるというようなことが，人工市場では可能である。人工市場に

実市場の特徴をより多く反映させることによって，ますます高速化・自動化しつつある金融市場において，新たな市場制度や取引戦略が市場に与える影響を事前に評価し，リスク制御することに役立つことが期待されている。そのためには，人工市場のリアル化と同時に，シンプルだが挙動を数理的に解析できる経済物理モデルなどで得られた知見を生かすことが必要である。例えば，人工市場のモデル構築の指針を決定したり，シミュレーションの条件設定を決めることに，経済物理モデルの解析結果が役立つだろう。

5.2.4 人工市場研究のこれまでの成果

現在までに人工市場研究が挙げてきた成果をまとめると，つぎの四つの点になる。

〔1〕 実市場現象の分析　実市場には，経験的もしくは統計的な調査から，バブル現象や価格変動の分布の特徴など，特徴的な市場現象や価格変動のパターンがいくつも発見されてきた。先述のように，市場データが大規模に集まるようになるにつれて，新たな市場現象が発見されている。しかし，これらの市場現象のうちのいくつかは，既存の市場理論ではどうしても説明がつかず，メカニズムまでは解明されていない。また，たとえある市場現象の原因として，市場参加者のある行動が関係ありそうだと思っても，マクロな市場データのみからは，そのアイデアが正しいかどうかを直接確かめることができない。市場の電子化によって，各個人の取引行動については，実市場である程度データを取得することが可能となった。しかし，その取引行動がどんな行動ルールによって決定されたのか，時間とともに行動ルールがどんな学習ルールに従って変化したのか，という個人行動の内部メカニズムを実市場で直接観察することはまだできない。分析者や研究者が市場での行動ルールや学習ルールに関するアイデアを人工市場に実装することによって，市場現象のメカニズムを解明する手段を得られる。

特に人工市場が有効であるのは，市場参加者の行動が集積することによって出現する市場現象の分析である。例えば，金融バブルなどの激しい価格変動は，ある特定の市場参加者が単独で意図的に引き起こしたというよりも，たいていは市場参加者間の相互作用によって彼らの予想が収束してしまうことが原因である。このような現象を分析するのに，金利や貿易収支などの経済状態や，ある特定の市場参加者の思惑だけを用いてもうまくいかないであろう。和泉らが作った人工市場 AGEDASI TOF（A GEnetic-algorithmic Double Auction SImulation in TOkyo Foreighn exchange market）[78] のように，各市場参加者の行動や思考過程もデータとして分析できるような手法が必要となるのである。ほかにも，Lux と Marchesi の人工市場[79] では，エージェントの行動ルールの変化によって，価格変動のファットテール分布という市場現象を再現した。

〔**2**〕 **経済理論の検証**　伝統的な経済の市場理論について実市場データを使って検証してみると，理論と合わないことやうまく説明できないことが多く見られた。それに対して，「本来の市場の適正値は理論の示す値である」とか「現在の市場は投機的でノイズで撹乱され，理論値から乖離している」などのように，理論が規範であるべきという考えを示す人たちがいる。しかし，そのような説明では理論の検証がうまくいかなかったことと，理論自体の有効性とを区別することができないので，研究を行うことの意義自体がゆらいでしまう。

また，技術的な問題もある。経済理論の検証を行うためのデータを集めようとしても，金融市場について物理学のような再現可能な実験を行うことは不可能であった。かつては，例えばある時期に，金利がもう少し高いような状況であったと仮定したとき，金融価格はどう動いていたかについて，理論の示す値とデータを比較して検証するようなことはまったく不可能であった。しかし，人工市場研究が出現したことによって，金融市場のさまざまな状況を仮想的に作り出すことができるようになった。つまり，市場理論を検証するための再現可能な実験を行うことが可能になったのである。また，経済理論が想定するような条件に忠実な人工市場を構築することもできる。

人工市場を使えば，経済理論の検証を直接行うことができる。まず，検証したい経済理論の前提条件を，人工市場の枠組みの中に含める。例えば，市場参加者にすべての情報が与えられている場合や，一部の市場参加者について情報が不足している場合などの違いは，人工市場内のエージェントに与えるデータを操作することで実現できる。つぎに，経済理論が前提としているものと同じ条件のもとで，人工市場における仮想的な金融価格の動きが，理論の結論と同じになるかどうかを確かめることができる。このように，既存の経済理論について，人工市場によるデータを使えば，定量的に検証を行うことができる。例えば，米国のサンタフェ研究所で作られた人工市場[80)]は合理的期待仮説を検証した。その結果，従来の市場理論の主張とは異なり，市場参加者が学習を進めていっても行動ルールが一致して均衡することなく，絶え間なく学習が行われていく状態が続くことがわかった。

〔3〕 市場構造変化のメカニズムの解明　人工市場研究の発表を行うと必ずといってよいほど聞かれるのが，「その研究は金融市場の予測が当たるのか? 儲けられるのか?」ということである。「人工市場で将来の価格を誤差何%以内で当てるという予測は難しい」と答えると，大概の人はがっかりするようである。人工市場研究では，金融市場の動きは基本的に予測不可能であるという立場をとっている。なぜなら，金融市場は複雑な非線形現象であるので，その動きは長期で見た場合にはカオス的になるからである。短期的な動きならある程度の予測は可能であろう。しかし，人工市場研究は，時系列解析や機械学習などによる研究のような，経済的な構造を考慮しない工学的な予測が目的ではない。起きている現象のメカニズムを説明するのが目的である。

人工市場研究では，ミクロなレベルでの相互作用から，価格変動パターンの変化がどのようなメカニズムで現れてくるのかを解明することが目的である。つまり，特定の短期間の予測というよりは，どの期間においてもある程度有効な市場の特徴やメカニズムの解明に向いている。人工市場研究は，既存のモデルでは説明や予測ができなかったような大きなパターンの変化などのメカニズムを解明し，予測することに役立つ。例えば，Lux と Marchesi の人工市場は，多数意見と価格トレンドの二つから市場参加者の行動ルールが受ける影響の強さによって，価格変動パターンの構造が変化することを明らかにした。また，人工市場 AGEDASI TOF は，市場参加者の予想方式の多様性によって，価格変動が大きい時期と小さい時期の間で転移することを示した。

〔4〕 **現場の支援ツール**　人工市場は，実市場の構造を反映した枠組みを持っている。したがって，人工市場のデータを金融市場の現場における意思決定の支援などに用いることもできる。例えば，金利などの政策的に操作できる条件について，どのような時期にどれくらい操作するというシナリオを，人工市場 AGEDASI TOF に入力して，価格変動ルールを分析することができる。人工市場での価格変動が目的に対して望ましい動きを示したようなシナリオを，実市場で行う行動として決定することができる。このように，人工市場による行動決定の支援ツールの構築も可能である。さらに，このツールを市場制度に応用していけば，人工市場によって，実市場に対する制度評価や制度設計の支援も可能である。

また，自分がある取引プログラムを作ったとしよう。このプログラムの有効性の評価をするために，人工市場の中に参加させて仮想取引による実験を行うこともできる。さまざまな条件のもとで仮想取引をさせて，取引プログラムのパフォーマンスを計算すれば，このプログラムを実市場で運用する前に，事前評価を行うことができる。また，日本の研究者たちが立ち上げた U-Mart プロジェクトの人工市場[81)] のように，取引プログラムだけではなく生身の人間が人工市場に参加すれば，その人の投資技術の評価や訓練を行うこともできる。

5.3 制度設計に用いる人工市場

これまで述べてきた研究の積み重ねにより，ようやく制度設計の議論に貢献できる人工市場を構築できるようになってきた。本節より，制度設計に用いる人工市場を紹介する。

5.3.1 モデルの適切な複雑さ

制度設計を議論することが目的の人工市場は，どのような特徴を持つべきであろうか。制度設計を議論するとき，金融市場でこれから実際に起こる現象を定量的に忠実に再現することよりも，議論している制度がどのようなメカニズムで価格形成に影響を与え，どのようなことが起こりうるのかという知識獲得のほうがとても重要である。なぜなら，未来の正確な予測が目的ではなく，金融市場をうまく設計することが目的であり，そのためには，制度導入によって生じた現象の発生メカニズムの理解が重要だからである。

確かに，シミュレーション結果が定量的にも実市場に近くなるようにすることが目的であれば，複雑なモデルが必要となる。実市場で起きている現象で関連する要素をできるだけ網羅するようにモデル化を行い，現実と同じことをシミュレーションでも起こすことが目的となる。例えば，実市場で過去に起きたイベントを忠実に再現して，なにが起きていたのかを分析する場合が挙げられる。

しかし，制度設計のためのモデルでは，現実を忠実に再現するというよりは，未来に起こる可能性がある現象を調べ上げ，それらの現象の発生メカニズムを分析して知識を得ることが目的であるため，モデルが複雑すぎると関連する要素が多くなりすぎて，発生メカニズムの理解を妨げてしまう。

そもそもモデルとは何なのかを研究しているWeisbergが述べたように，モデルは必ずしも現実世界の完全な表現を目指しているわけではなく，背景システムのどんな特徴が，自らの探求に対して特に重要であるかを突き止めることが目的である[82)]。Weisbergは，わかりやすく「完全な地図とは実際の土地とまったく同じ大きさでしか作りえないが，そんなに大きな地図は地図として役に立ってない」というたとえ話を用いている。

そのため，**スライド5.3**に示すように，投資家をモデル化したエージェントは，金融市場が普遍的にもっていると考えられる統計的な性質を再現する範囲内で，なるべくシンプルなものにすべきである。どのような投資家が利益を獲得しやすいかや，特殊な投資家の参入が与える影響などを調べるのが目的ではなく，あくまで，ごく一般的で普遍的に存在する投資家がいる場合に，制度設計がうまくいっているかどうかを知ることが目的である。特殊なエージェントを入れてしまうと，結果の要因が，特殊なエージェントによるものなのか，制度設計によるものなのか，わからなくなってしまう可能性がある。

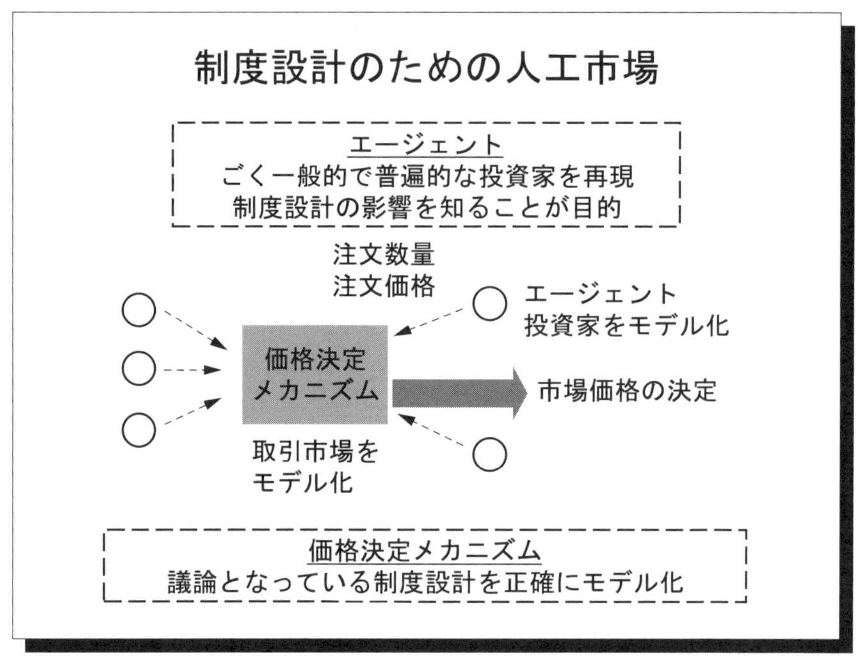

スライド 5.3　制度設計のための人工市場

一方，取引市場をモデル化した価格決定メカニズムは，議論となっている制度設計を正確にモデル化できる程度に複雑であるべきである。その制度が細部に関するものになればなるほど，価格決定メカニズムは複雑なものが必要となろう。

5.3.2　実証分析と比べた長所・短所

人工市場では，これまでにない制度設計が，金融市場にどのような影響を与えるのかをあらかじめ知り，どのようなことが「起こりうる」のかを事前に知ることはとても有益である。

ここで,「起こりうる」と強調しているのには意味がある。市場設計のための人工市場は，未来を正確に予測することを目的としていないし，現時点ではそのような能力も持っていない。むしろ，起こりうるシナリオを多く作り出して，そこで観測されるミクロ・マクロの相互作用から，これまでに考えられてこなかったメカニズムでの現象や社会的な副作用をあらかじめ見つけておくことが，重要な役割となる。

スライド 5.4 は，人工市場と実証分析がどのような現象を取り扱うことができるか示したものである。実証分析は，過去に起きた現象の一部を分析できる。過去に起きた現象をすべて網羅しているとは限らないが，実際に起きたことを取り扱っていることは保障されている。一方，人工市場はこれから起こる現象を取り扱えることが強みである。しかし，先述のように，それはあくまで「起こりうる」ことであり，本当にこれから起きる現象なのかは，少なくとも実証分析や理論研究などの人工市場による分析以外からの知見が必要である。

このように，過去にも未来にも起きない現象を出力する恐れがあることが人工市場の最大の短所であろう。未来に起こりうることなのか，絶対に起きない

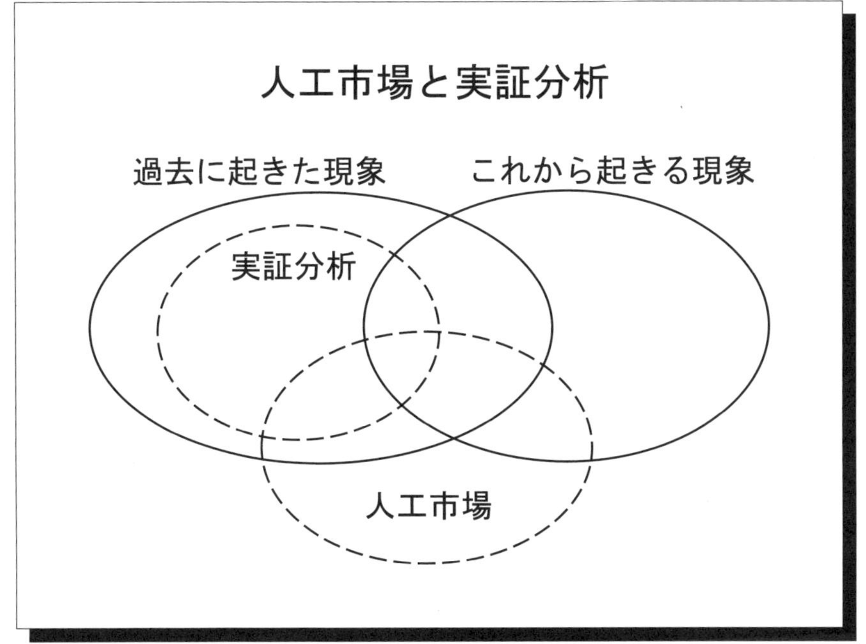

スライド **5.4**　人工市場と実証分析

ことなのか，この問に人工市場だけで答えることはできない。実証分析や理論研究，実験市場分析などほかの手法で得られた知見の手助けは必ず必要である。というよりも，金融市場の制度設計研究は，さまざまな手法でたがいの長所・短所を補い合いながら，進めていくべきなのである。

5.3.3 具体的なモデル

金融市場の制度設計に用いる人工市場の具体例として，水田らが用いたモデルを紹介する。詳細な設定の説明は水田[83]に譲るとして，ここでは概要のみを述べることとする。

現在ほとんどの取引市場で，売り手と買い手の双方が価格を提示し，売り手と買い手の提示価格が合致すると，その価格でただちに取引が成立する**連続ダブルオークション方式**（**ザラバ方式**）が採用されている。一口に金融市場の制度といってもさまざまであるが，取引制度を議論する場合は，ザラバ方式の価格決定メカニズムを正確に実装する必要がある。本節以降で紹介する研究はすべてなにかしら取引制度に関わるものなので，ザラバ方式を実装している。一方，制度設計以外の，例えば，バブルや金融危機が起こるメカニズムの分析や，統計的な性質を説明するためにはどのようなエージェントが必要であるかといった分析では，板寄せ方式やさらに簡便な方式で十分な場合も多く，実際そのような方式を使った研究も多い。

一方，エージェントは，先述したように比較的シンプルなものが望ましい。実証分析やアンケート調査などで確実かつ普遍的に存在していると知られている二つの投資戦略，ファンダメンタル戦略とテクニカル戦略のみを実装する。

エージェントは n 体存在し，順に注文を出す。エージェントは注文価格を $P_{o,j}^{t}$ とし，売り買いの別は以下のように決める。まず，予想リターンを算出する（**スライド 5.5**）。時刻 t のエージェント j の予想リターン $r_{e,j}^{t}$ は式 (5.1) で決まる。

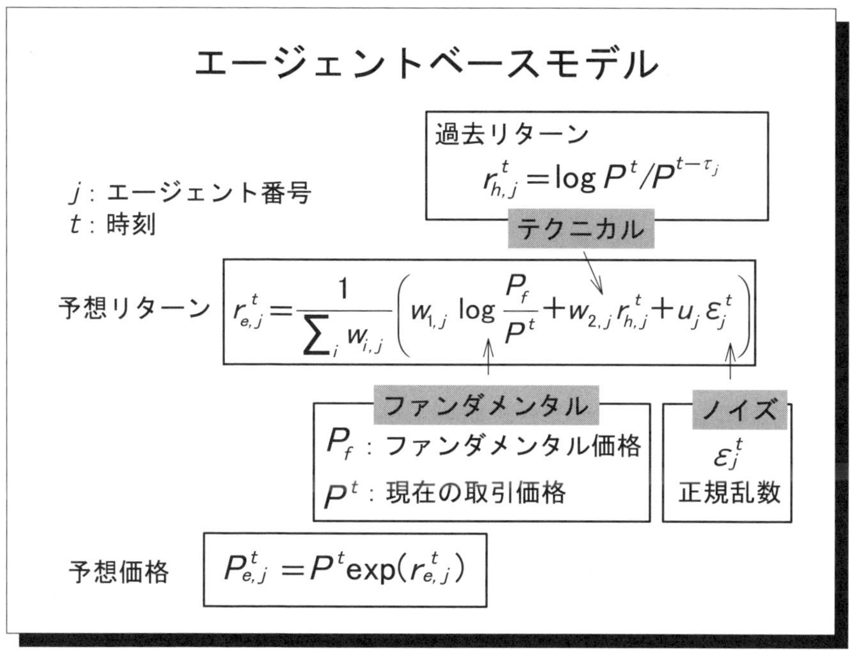

スライド **5.5** エージェントベースモデル

$$r_{e,j}^t = \frac{1}{w_{1,j} + w_{2,j} + u_j} \left(w_{1,j} \log \frac{P_f}{P^t} + w_{2,j} r_{h,j}^t + u_j \epsilon_j^t \right) \tag{5.1}$$

ここで，$w_{i,j}$ は時刻 t，エージェント j の i 項目の重みであり，シミュレーション開始時にそれぞれ 0 から $w_{i,max}$ まで一様乱数で決める。u_j はエージェント j の 3 項目の重みであり，シミュレーション開始時に 0 から u_{max} まで一様乱数で決める。log は自然対数である。P_f は時間によらず一定のファンダメンタル価格，P^t は時刻 t での取引価格，ϵ_j^t は時刻 t，エージェント j の乱数項であり，平均 0，標準偏差 σ_ϵ の正規分布乱数である。$r_{h,j}^t$ は時刻 t にエージェント j が計測した過去リターンであり，$r_{h,j}^t = \log\left(P^t/P^{t-\tau_j}\right)$ である。ここで，τ_j はシミュレーション開始時に 1 から τ_{max} までの一様乱数でエージェントごとに決める。

式 (5.1) 第 1 項は，ファンダメンタル価格と比較して安ければプラスの予想リターンを，高ければマイナスの予想リターンを示す，ファンダメンタル価値を参照して投資判断を行うファンダメンタル投資家の成分である。第2項は過去のリターンがプラス（マイナス）ならプラス（マイナス）の予想リターンを示す，過去の価格推移を参照して投資判断を行うテクニカル投資家の成分であり，第3項はノイズを表している。すべてのエージェントが同一の式 (5.1) でリターンを予測するが，各項の重みが異なるため，予測は多様となる。

予想リターン $r^t_{e,j}$ より，予想価格 $P^t_{e,j}$ は

$$P^t_{e,j} = P^t \exp\left(r^t_{e,j}\right) \tag{5.2}$$

で求まる。

つぎに，予想価格をもとに注文価格を決める（スライド **5.6**）。注文価格 $P^t_{o,j}$ は平均 $P^t_{e,j}$，標準偏差 P_σ の正規分布乱数で決める。ここで，P_σ は定数である。そして，売り買いの別は予想価格 $P^t_{e,j}$ と注文価格 $P^t_{o,j}$ の大小関係で決める。すなわち

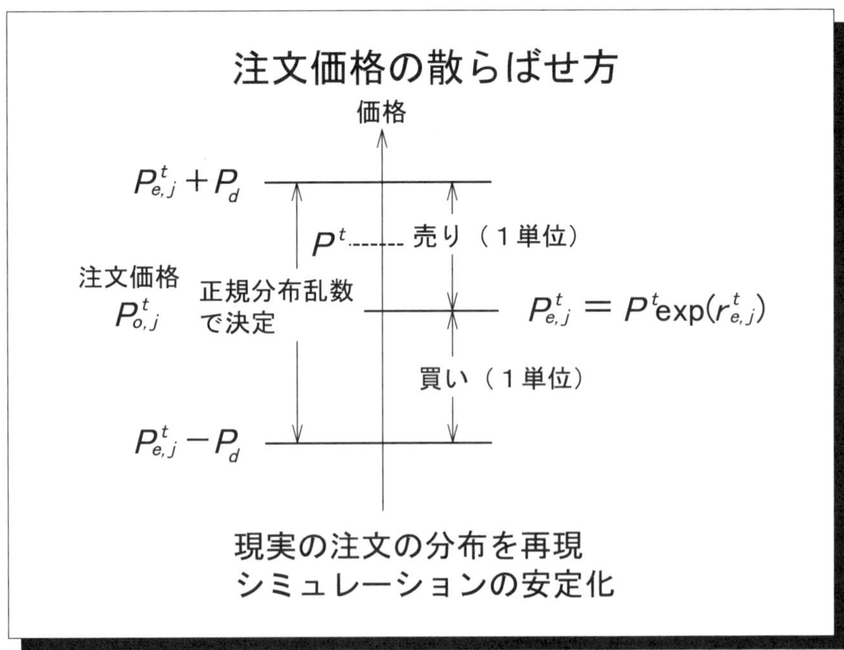

スライド **5.6**　注文価格の散らばせ方

$$
\begin{aligned}
&P^t_{e,j} > P^t_{o,j} \text{ なら 1 単位の買い} \\
&P^t_{e,j} < P^t_{o,j} \text{ なら 1 単位の売り}
\end{aligned}
\tag{5.3}
$$

とする。

このように，予想価格そのままで注文を出さず，注文価格を正規分布乱数で散らばせるのは，実市場の注文の分布をある程度再現し，シミュレーションを安定化させるためである。

5.4 呼値の刻みの適正化

以降では，制度設計を議論するための人工市場による研究を紹介する。本節では，その代表例として呼値の刻みの適正化を議論した研究を紹介し，5.5 節では最近の金融市場高度化の影響分析に関するいくつかの研究を簡単に紹介する。

5.4.1 呼値の刻みが抱えていた課題

近年，米国や欧州を中心に IT 技術を駆使した低コストの取引市場が増加しており，ニューヨーク証券取引所やロンドン証券取引所などの伝統的な取引市場と売買代金のシェアを分け合うまでになった。同一企業の株式が複数の取引市場において取引されるという市場分断化が起きており，その是非が活発に議論されている。

日本においても，**PTS**（**Proprietary Trading System**）と呼ばれる私設取引システムが出現し，徐々に売買代金を伸ばしている（**スライド 5.7**†）。取引市場間での売買代金シェアを決める要因には，呼値の刻みの細かさ，取引時間，決済の方法，取り扱う注文の多様性，高速性，システムの安定性などさまざまであるが，その中で，呼値の刻みの違いは特に重要であるといわれている。スライド 5.7 で，2014 年 8 月以降 PTS の売買代金とそのシェアが減少しているのは，後で述べる東京証券取引所による呼値の刻みの適正化が背景にあると

† http://pts.offexchange2.jp/ptsinfo/（2020 年 2 月現在）のデータより作成

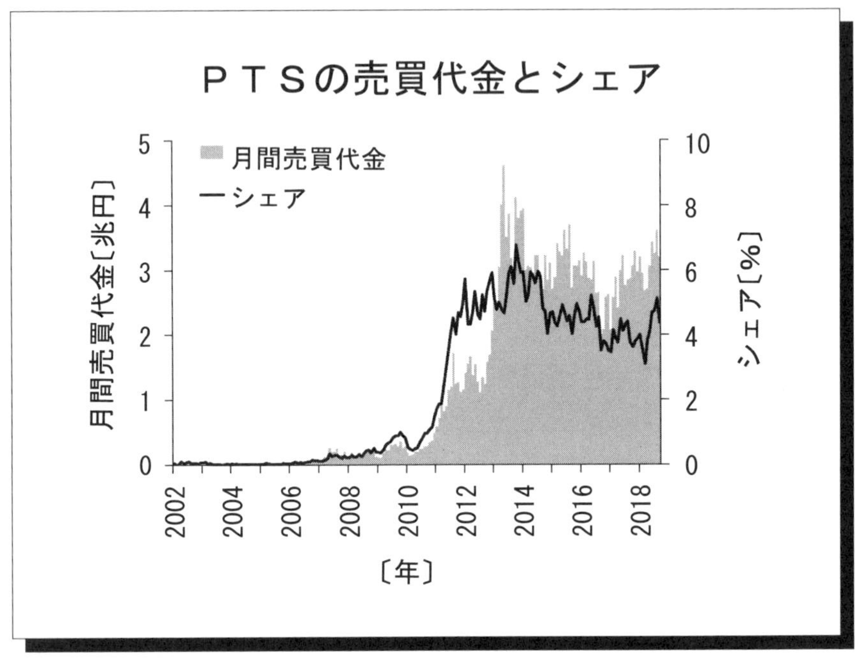

スライド **5.7**　PTS の月間売買代金とシェア

いわれている。

呼値の刻みとは，注文価格の最小単位である。例えば，呼値の刻みが 1 円なら 99 円，100 円での注文は出せるが，99 円 10 銭（99.1 円）などの注文は出せない。**スライド 5.8** は，2014 年 7 月 18 日と 22 日（19～21 日は休日）の東京証券取引所で取引されているある企業の株式の価格を 5 分ごとの時系列で示したものである。後で述べるように，東京証券取引所では 2014 年 7 月 18 日までは 1 円刻みでしか取引できなかったが，22 日より一部の企業の株式が 10 銭（0.1 円）刻みで取引できるようになった。スライド 5.8 が示すように，呼値の刻みが 10 銭となった 22 日のほうが，格段に価格変化がスムーズであり，投資家にとって取引しやすい環境を提供しているといえる。そのため，呼値の刻みが小さい取引市場のほうが投資家に好まれる傾向にあるといわれている。

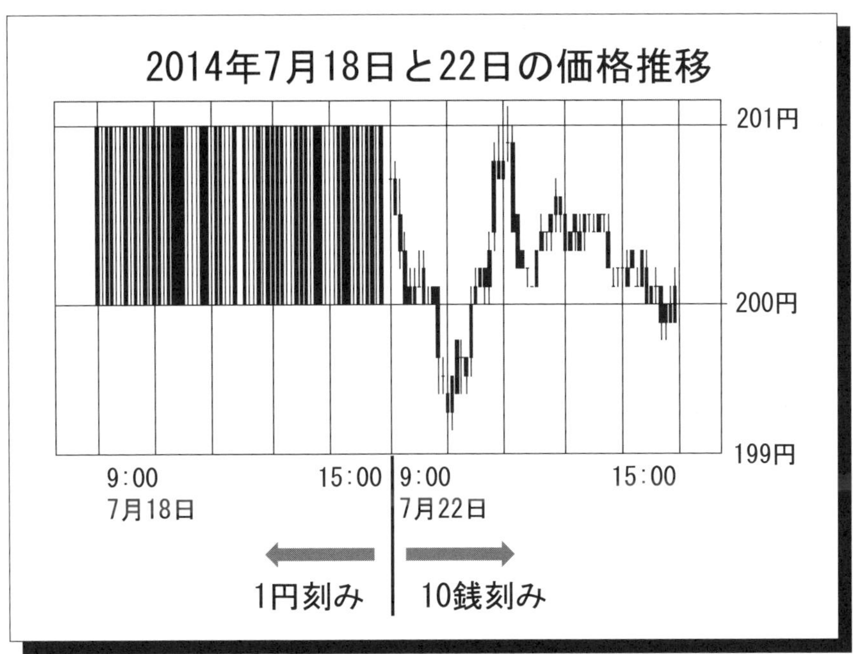

スライド **5.8**　2014 年 7 月 18 日と 22 日の価格推移

実際，スライド 5.8 の 18 日のように，東京証券取引所での呼値の刻みが大きすぎる株式は，ほかの株式に比べ，PTS で取引が行われる傾向にあり，PTS が売買代金シェアを伸ばしていた理由といわれている。そのため，東京証券取引所は 2013 年 3 月 26 日に呼値の刻みを段階的に細かくすることを発表し，その後，2014 年 1 月 14 日と同年 7 月 22 日に一部企業の呼値の刻みを縮小した。

一方で，呼値の刻みが取引市場間の売買代金のシェアにどのような影響を与えているのか分析した実証研究は少ない。というのも，呼値の刻みは容易に変更できないため，呼値の刻みの変更前後を比較するには事例がとても少ない。そのため，呼値の刻みは単純に細かければ細かいほど売買代金シェアが向上するものなのかわかっていない。また，呼値の刻みの理想的な水準についても，十分な議論ができていない。そして，まだ導入したことがないほどの細かい呼値の刻みがどのような影響を与えるかを議論することは，実証研究では不可能である。

そのような中，2013 年 1 月に水田らが行った人工市場を用いたシミュレーションによる呼値の刻みと市場間の売買代金シェアの関係を分析した研究が，東証ワーキングペーパー（後に JPX ワーキングペーパーと改名）として公表された[84]。このペーパーが数か月後に行われた東京証券取引所の呼値の刻み縮小決定にどの程度の影響を与えたかはわからないが，少なくとも，議論の参考にはされたものと考えられる。次項以降では，この水田らのペーパーの議論を紹介する。

5.4.2　市場選択モデル

一つの株式を二つの取引市場で取引できる場合をモデル化する（**スライド 5.9**）。二つの取引市場は呼値の刻みと，以下に述べる売買代金のシェア W_A,

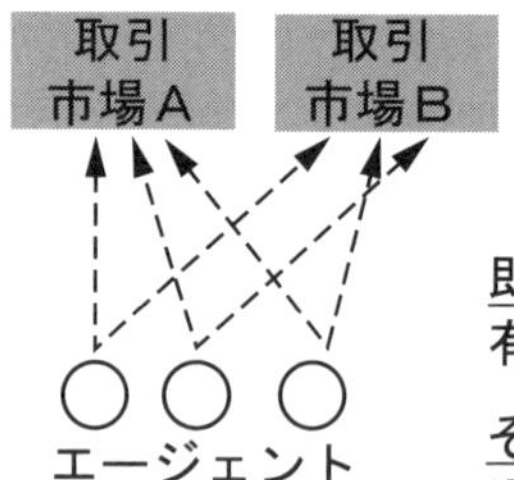

スライド **5.9**　市場選択モデル

W_B の初期値以外はまったく同じである。二つの取引市場 A，B がある場合，各エージェントはどちらの取引市場に注文を出すか決める必要がある。

以下に述べる本モデルでの市場選択方法は，実際の金融市場でしばしば用いられている市場配分アルゴリズム（**Smart Order Routing：SOR**）と同じ方法である。各エージェントは，注文を出すごとにどちらの取引市場に出すかを判定する。買い（売り）注文の場合，取引市場 A，B ごとに最も安い（高い）売り（買い）注文を探し，これを最良価格と呼ぶ。取引市場 A，B の最良価格が異なり，かつ，少なくともいずれかの取引市場で相対する注文が存在し，即座に売買が成立する場合は，よりよい最良価格（買い（売り）注文の場合，安い（高い）ほうの最良価格）を提示している取引市場に注文を出す。そのほかの場合，つまり，二つの取引市場の最良価格が同じか，いずれの最良価格においても指値注文となる場合は，確率 W_A

$$W_A = \frac{T_A}{T_A + T_B} \tag{5.4}$$

で取引市場 A を選ぶ。ここで，T_A は取引市場 A の過去 t_{AB} 期間の売買代金，T_B は取引市場 B のそれである。つまり，相対する注文が存在し，即座に売買が成立する，かつ取引価格が異なる場合は必ず有利となる取引市場に，そのほかの場合は売買代金シェアに応じて，それぞれの市場に注文を出す。

例えば，取引市場 A と取引市場 B が**スライド 5.10** のような注文を受け付けているとしよう。ここで，(1) 98 円で買いの注文をした場合，市場 A でも市場 B でも相対する売り注文，つまり 98 円以下の売り注文は存在せず，即座に売買が成立しない。そのため，売買代金シェアに応じて市場を選ぶ。つぎに (2) 99.1 円で買いの注文をした場合，市場 A では 99.1 円以下の売り注文は存在しないが，市場 B には 99.1 円の売り注文があり即座に売買が成立するため，市場 B を選ぶ。さらに (3) 100 円で買いの注文を出した場合，市場 A では 100 円で，市場 B では 99.1 円で買えるため，やはり市場 B を選ぶこととなる。

市場選択具体例

取引市場A

売り	価格	買い
84	101	
176	100	
	99	204
	98	77

取引市場B

売り	価格	買い
1	99.2	
2	99.1	
	99.0	3
	98.8	1

(1)　98円の買い：売買代金シェアに応じて配分

(2)　99.1円の買い：取引市場B← 99.1円で即座に買えるため

(3)　100円の買い：取引市場B← 99.1円で即座に買えるため

スライド **5.10**　市場選択具体例

5.4.3　シミュレーション結果

取引市場 A と取引市場 B は，呼値の刻みと初期の売買代金シェア以外はまったく同じである。スライド **5.11** は，市場 A の売買代金シェアの推移である。まず，$W_A = 0.9$ とし，市場 A のティックサイズ $\Delta P_A = 0.1\%, 0.01\%$，市場 B のティックサイズ $\Delta P_B = 0.01\%$ とした。ここでティックサイズは，呼値の刻み/株式の価格で定義した。ティックサイズが同じ場合はシェアが移ることはなかったが，市場 A のティックサイズが市場 B のそれの 10 倍となると，市場 B へシェアが移ることがわかった。

ちなみに，スライド 5.11 の横軸は 2 年程度の時間スケールである。じつは，米国ではニューヨーク証券取引所が支配的なシェアから陥落するのにかかった時間も 2 年程度[85] であったため，このシミュレーション結果は，金融市場の制度設計を議論している実務家の間で受け入れられやすかった。

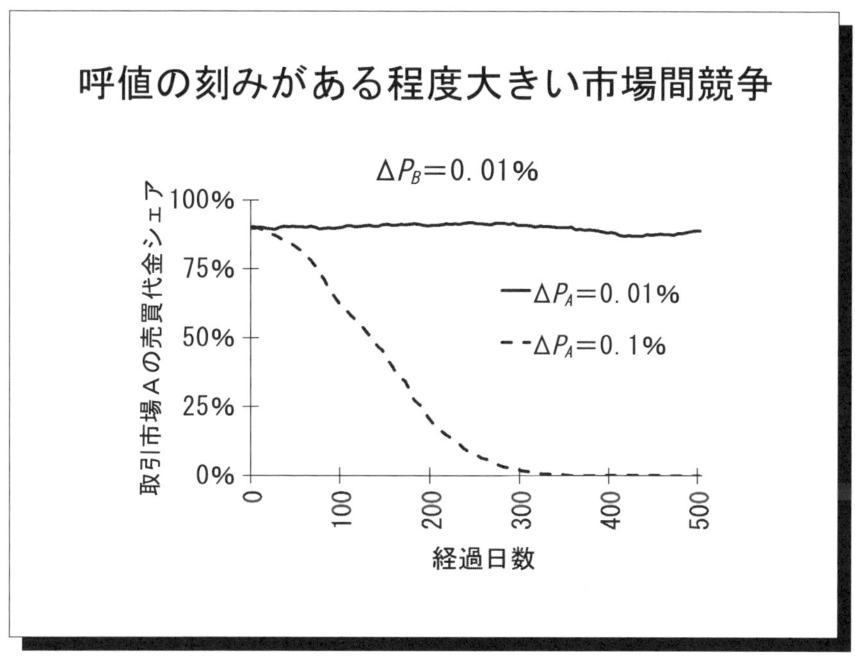

スライド **5.11** 呼値の刻みがある程度大きい市場間競争

一方，スライド **5.12** は $\Delta P_A = 0.001\%, 0.0001\%$，$\Delta P_B = 0.0001\%$ とした場合のシェアの推移である。スライド 5.11 の場合よりも ΔP_B が 100 分の 1 となっているため，ΔP_A も 100 分 1 とした。すると，取引市場 B はティックサイズが 10 分の 1 の場合でも，シェアを奪えないことがわかった。つまり，あまりにも細かい呼値の刻み競争は意味がなく，現在のシェアを維持することがわかる。

つぎに，どれくらい細かい呼値の刻みなら売買代金シェア争いに影響を与えないのか議論する。スライド **5.13** は取引市場 A，B のティックサイズ ΔP_A，ΔP_B をさまざまに変化させた場合の 500 営業日後の市場 A の売買代金シェア W_A を示した。ここに二つの境界線

$$\Delta P_A \leqq \Delta P_B \text{（破線）} \tag{5.5}$$

$$\Delta P_A < \overline{\sigma_t} \simeq 0.05\% \text{（実線）} \tag{5.6}$$

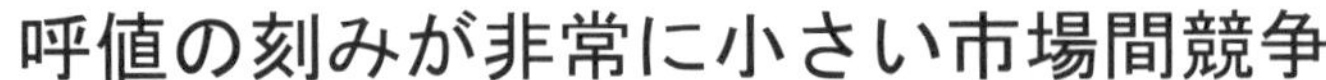

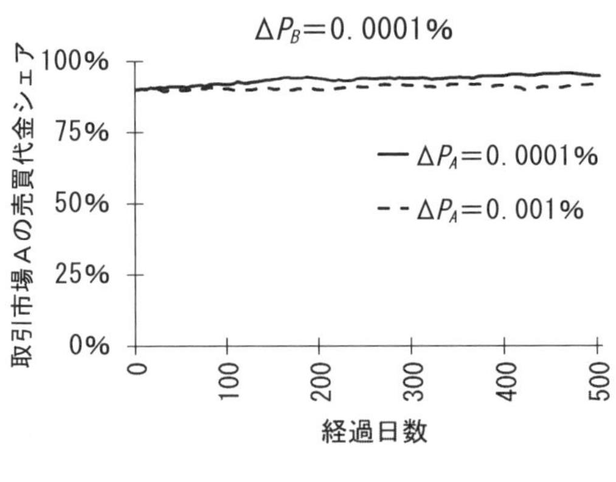

スライド **5.12**　呼値の刻みが非常に小さい市場間競争

売買代金シェア争いが起きない呼値の刻み

取引市場Aの 500日後の売買代金シェア		取引市場Bのティックサイズ ΔP_B						
		0. 001%	0. 002%	0. 005%	0. 01%	0. 02%	0. 05%	0. 1%
取引市場Aのティックサイズ ΔP_A	0. 001%	90%	92%	94%	97%	99%	100%	100%
	0. 002%	89%	91%	93%	97%	99%	100%	100%
	0. 005%	84%	87%	92%	96%	99%	100%	100%
	0. 01%	77%	78%	83%	92%	98%	100%	100%
	0. 02%	54%	54%	59%	70%	93%	100%	100%
	0. 05%	5%	5%	5%	6%	23%	93%	100%
	0. 1%	0%	0%	0%	0%	0%	0%	94%

売買代金シェアが移らない条件　$\Delta P_B > \Delta P_A$ or $\bar{\sigma}_t > \Delta P_A$

$\bar{\sigma}_t = 0.05\%$　呼値が十分小さいときのボラティリティー

スライド **5.13**　売買代金シェア争いが起きない呼値の刻み

を描いた。ここで，$\overline{\sigma_t}$ は呼値の刻みが十分小さいときの価格変化率の標準偏差（ボラティリティー）である。階段状の破線より右上かつ実線より上の領域で，市場 A は売買代金シェアを維持している。逆に，破線より左下かつ実線より下の領域で，市場 A は売買代金シェアを奪われている。つまり取引市場 A は，ティックサイズが $\overline{\sigma_t}$ より小さくなるように呼値の刻みを細かくすれば，取引市場 B がどんなに呼値の刻みを細かくしてもシェアを奪われないことがわかる。

スライド 5.14 は，取引市場 A の呼値の刻みと，ボラティリティー σ_t および 500 営業日後の取引市場 A の売買代金シェアを示した。また，取引市場 B の呼値の刻みは十分小さく（$\Delta P_B = 0.0001\%$）した。市場 A のティックサイズ ΔP_A が呼値の刻みが十分小さい場合のボラティリティー $\overline{\sigma_t}$ より小さい場合は，ボラティリティー $\sigma_t \simeq \overline{\sigma_t}$ となっており，ティックサイズ ΔP_A の変化がボラティリティー σ_t に影響を与えていない。これ以上ティックサイズを小さく

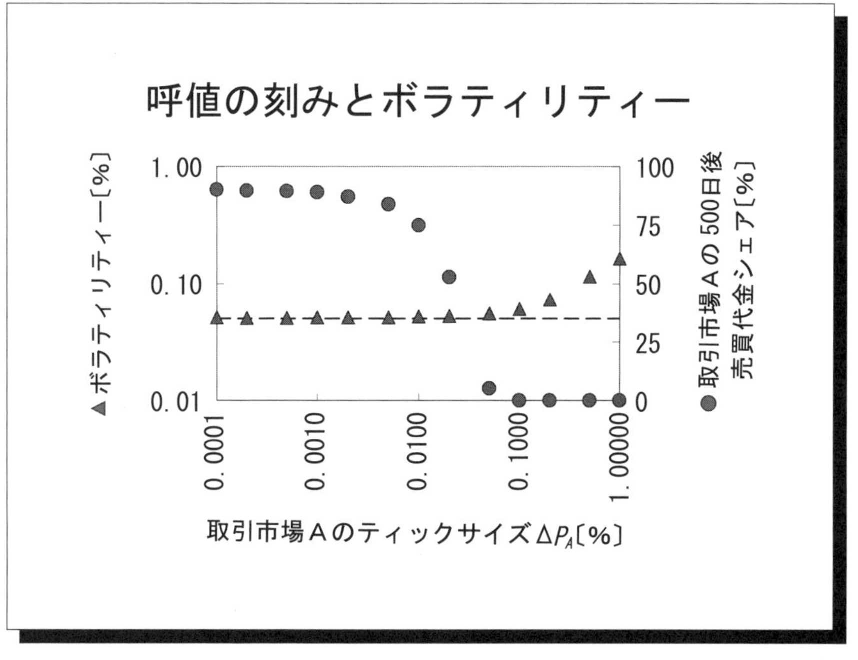

スライド **5.14**　呼値の刻みとボラティリティー

しても，価格形成には意味をもたらさないともいえる。

一方，ΔP_A が $\overline{\sigma_t}$ より大きい場合は，σ_t が上昇している。これは，本来なら ΔP_A よりももっと細かく価格が変動する場合でも，ΔP_A より小さい価格変動が許されないため，価格変動が ΔP_A で決まってしまっていることを表している。売買代金シェアを見ると，この領域では，急速にシェアが取引市場 B へ移り変わったことがわかる。

以上のメカニズムを**スライド 5.15** を用いて説明する。ΔP_A が $\overline{\sigma_t}$ 程度より大きい場合（スライド (a)），もし ΔP_B が ΔP_A より小さければ，ΔP_A の内側で多くの取引が行われ，取引市場 B のみでの取引が多くなり，売買代金シェアが市場 B に急速に移ることになる。一方，ΔP_A が $\overline{\sigma_t}$ 程度より小さい場合（スライド (b)）は，ΔP_B がいくら小さくても，取引市場 A は価格変化を表現するのに十分な解像度を持ち，ΔP_A をまたぐ取引が多いので，市場 B だけで取引

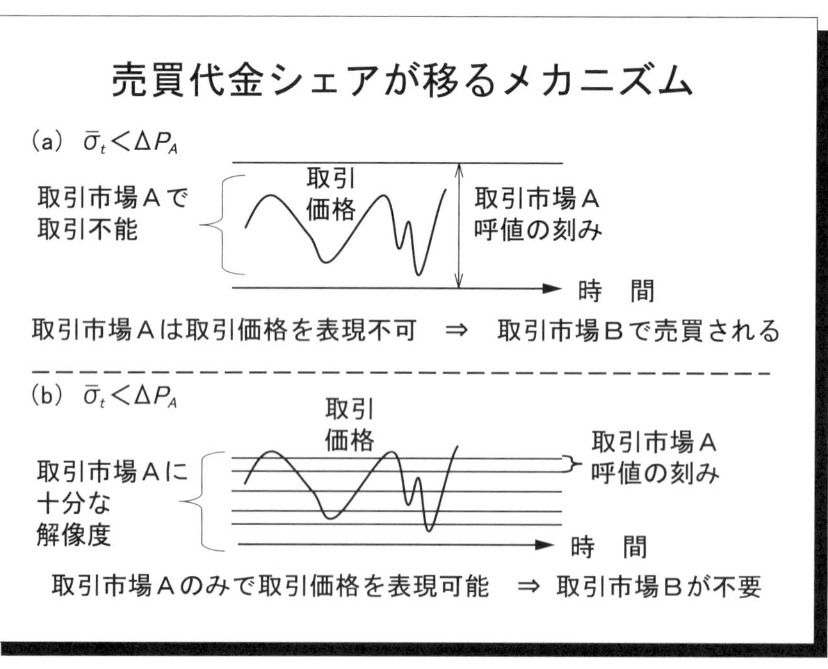

スライド **5.15**　売買代金シェアが移るメカニズム

されることは多くならず，売買代金シェアはほとんど動かないこととなる。

5.4.4 実証分析との比較

シミュレーション結果であるスライド 5.14 と比較できるような実証分析を，日本の株式市場のデータを用いて行った。用いたデータの期間は 2012 年の 1 年間であり，分析対象は 439 社の株式である。用いたデータの詳細は水田らのペーパー[84]を参照していただきたい。

スライド 5.16 は，横軸に東京証券取引所での各企業の株式のティックサイズ ΔP，△はそのボラティリティー σ_t，○はその PTS での売買代金シェアである。なお，スライド 5.14 と比較しやすいように，シェアを示す右の縦軸は，上下逆にした。ボラティリティー $= \overline{\sigma_t} = 0.05\%$ を破線で示した。

スライド 5.16 は，ΔP が上昇するとボラティリティーが上昇することを示し

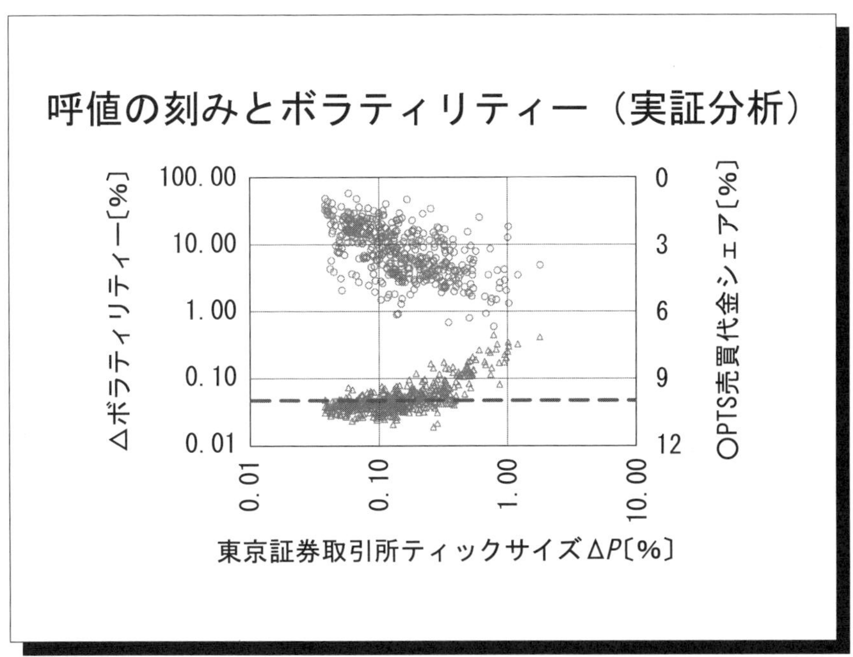

スライド **5.16** 呼値の刻みとボラティリティー（実証分析）

ており，スライド 5.14 の結果と似た傾向である。PTS のシェアを見ると，全体的に ΔP が増えるにつれ，PTS のシェアが増加（右肩下がり）となっている。ΔP が大きくなると，PTS へシェアが移りやすいことが示された。

5.4.5　呼値の刻みの適正化まとめ

呼値の刻みの適正化に関して，人工市場による分析でわかったことをまとめる（スライド **5.17**）。

呼値の刻みが大きすぎる取引市場は，呼値の刻みが適切であるほかの取引市場に売買代金シェアを奪われる可能性がある。一方，適切な呼値の刻みであれば，それ以上細かくしても意味がない。その適切な水準とは，呼値の刻みが十分細かい場合のボラティリティー（価格の変化率の標準偏差）である。逆にいえば，ボラティリティーを引き上げてしまうほど呼値の刻みが大きくなってし

スライド **5.17**　呼値の刻みに関してわかったこと

まうと，ほかの市場へ売買が奪われていくのみならず，投資家が本来求めている価格形成を阻害しているともいえるであろう。

この人工市場によるシミュレーション分析によって，初めて適正な呼値の水準が議論されたと考えられる†。実証分析では，導入したことがある呼値の刻みしか比較できないうえ，そのほかの条件も異なる比較とならざるをえない。導入可能な無数の呼値の刻みというパラメータの感応度を，ほかの条件をまったく同一にして比較分析できるのは，実証分析にないシミュレーションという手法の長所である。

また，これらの結果は，後の数理モデルの研究[87)]でも確認された。このように，数理モデルの研究や実証研究が取り組むべきテーマを示すことも，人工市場の研究が他手法の研究へ貢献できることである。

5.5　最近の金融市場高度化の影響分析

前節で紹介した事例以外にも，金融市場の制度設計の議論を人工市場で行った研究が多くなってきており，優れたレビューもある[88)]。これから紹介するもの以外でも，人工市場で検討された制度設計として，八木らが行った**空売り規制**[89)]や**信用分散規制**[90)]，三輪が行った**取引時間の延長・昼休みの縮小**[91)]など，重要なものがある。

しかし本節では，金融市場に必ずしも詳しくない読者にもわかりやすい事例として，最近急速に進展してきた株式市場の高度化に対応するための制度設計について，人工市場を用いて分析した研究を簡単に紹介する。

近年，特に欧米では，株式市場への参入自由化や，投資家や証券会社への最良執行義務規制（最も有利な価格で取引できる取引市場を選ばなければならな

† 米国ナスダック市場の呼値の刻み変更を行ったとき，人工市場を用いてその効果を調べた研究はあった[86)]。この研究は，ある種の取引戦略が市場に多いと市場が不安定になることなどを示したが，モデルの設定に制度設計には不要なものが多く，また，どのような投資家が利益を増やすのかといったことに注目していて，制度設計の議論へは大きくは貢献できなかったと考えられる。

い義務）の強化などにより，取引市場ビジネスへの新規参入が増え，売買代金シェアをめぐる競争が激化している。

投資家には取引に関してさまざまなニーズがあり，そのようなニーズを取り込もうと取引市場は競争している。投資家が取引市場に求めるもののうち，「いち早く注文したい，注文を取り消したい」というものと，「ほかの投資家には知られないようにこっそり大量に売買したい」というものが，特に強く求めているものである（スライド **5.18**）。

前者「いち早く注文したい，注文を取り消したい」という要望によって，取引市場は1件の取引にかかる時間を，数秒という時間スケールから，数ミリ～数十マイクロ秒の時間スケールまで高速化した。また，この高速化に伴い，高頻度に注文とその取り消しを繰り返す**高頻度取引**（**High Frequency Trading**：**HFT**）という手法が誕生した。

スライド **5.18**　最近の金融市場の高度化

一方，後者「こっそり大量に売買したい」という要望により，あえて投資家に注文状況を見せない**ダークプール**という取引市場が出現した。

このような市場の高速化，高頻度取引やダークプールは，現在，株式市場の業界での最大の話題である。これらは投資家の利便性向上をもたらしたが，市場間競争はどのように変化させたか，価格形成にどのような影響を与えているかなどは，現在，さまざま観点で活発に議論されている。

本節では，以上に述べたような現在話題の変化を，人工市場によって分析した研究を簡単に紹介する。

5.5.1 株式市場の高速化

取引市場の高速化によって，高頻度取引を行う投資家を呼び込み，注文量が増加し，取引したい人がすぐに取引できるようになった（流動性の向上）。一方で，取引市場のシステム構築コストの増大はもちろん，注文する投資家や証券会社の注文システム構築コストの増大ももたらすという負の側面もある。不要な高速化は負の側面のみをもたらす恐れがあり，どのくらいの高速化が適切か議論されるべきであろう（**スライド 5.19**）。

人工市場を用いて取引市場の高速化はどれくらいが適切か議論した，水田らが JPX ワーキングペーパーとして発表した研究[92] を簡単に紹介する。この研究では，価格や注文情報が更新されてから，それが投資家に届くまでの時間を**レイテンシー**[†]と定義し，レイテンシーは各注文の平均的な到来間隔より小さくなければならないことを示した。

スライド 5.20 では，レイテンシーが注文間隔より長い場合（スライド (a)）と短い場合（スライド (b)）の取引市場のシステム内で算出されている真の取引価格（以下，真の価格）と，投資家が真の価格をレイテンシーだけ遅れて観測している市場価格（以下，観測価格）を示した。

---

† 実務的には，レイテンシーという言葉は，注文を出してから取引市場のシステムに届くまでの時間，システムが注文を処理する計算時間，および，ここで述べたような取引システムから投資家へ情報が届く時間などの，さまざまな遅延時間のことを指す。

取引システムの高速化

取引市場同士の競争や大口取引を行う投資家の要望

流動性を供給する投資家の注文量が増え，流動性が向上

市場の運営コストや取引参加者のシステムコストの増大

どのくらいの高速化が適切か？

スライド **5.19**　取引システムの高速化

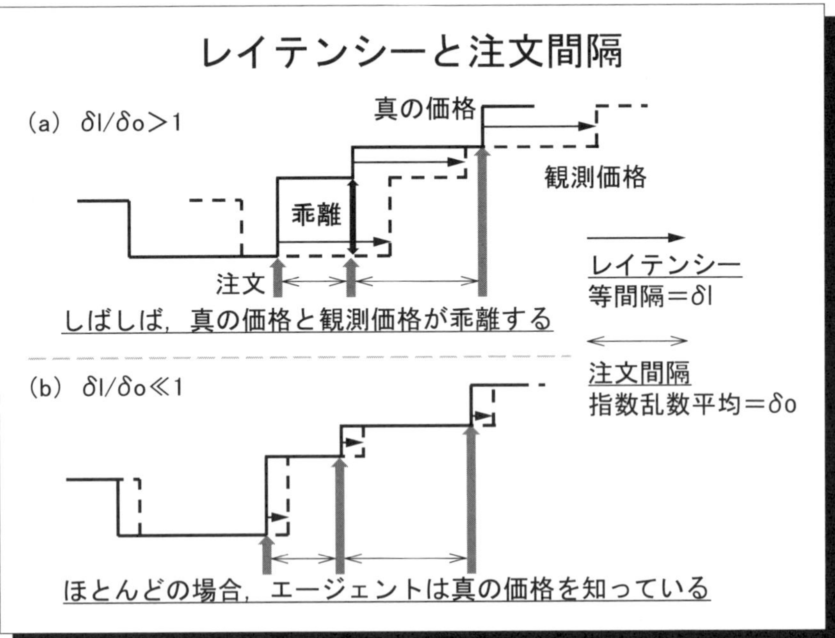

スライド **5.20**　レイテンシーと注文間隔

レイテンシーが注文間隔より長い場合（スライド (a)），観測価格は真の価格としばしば乖離する。投資家は観測価格をもとに今後の価格を予想する。そのため，例えば，真の価格は予想価格に達しているにも関わらず，観測価格がまだ低い価格を示しているために，投資家がまだ価格が上昇すると判断して買い注文をしてしまう場合が発生する。当然逆の場合もある。これらの場合が存在するため，予想価格に達している場合でも，真の価格を知っていれば出さなかったであろう注文を出してしまい，価格変動を大きくしてしまう。

一方，レイテンシーが注文間隔より短い場合（スライド (b)），ほとんど観測価格は真の価格と乖離せず，前述のような不要な注文がなくなり，不要な価格変動がなくなる。

ここで述べたようなメカニズムは，いわれてみれば当たり前のように思われるものだが，この研究が発表されるまでは，注文間隔とレイテンシーを比較するということ自体がほとんど行われておらず，まさにコロンブスのたまご的な発見であったといえよう。この発見は，取引市場のシステムをバージョンアップするときに，どの程度の速さ（レイテンシーの小ささ）を持てば十分かを議論する場合，注文間隔と比べるという視点を提供したのである。

5.5.2 高頻度取引

高頻度取引を行う投資家を呼び込むことは，取引市場間の競争で重要である。例えば，取引市場は，自らのシステムが物理的に存在するデータセンター内のなるべく近くのサーバーラックを，高頻度取引を行う投資家に貸し出すサービス（コロケーション）を提供しているほどである（**スライド 5.21**）。投資家がこのサービスを利用するのは，市場のシステムとは別のデータセンターから注文を出す場合より，同一データセンター内から出したほうが，データ通信に要するレイテンシーが小さくなるからである。

そこまでして速さを求めるのはなぜであろうか。高頻度取引にはさまざまな投資戦略があるといわれているが，その中でも，**マーケットメーカー戦略**はよく行われている投資戦略であるといわれている。**スライド 5.22** に示すように，

コロケーションサービス

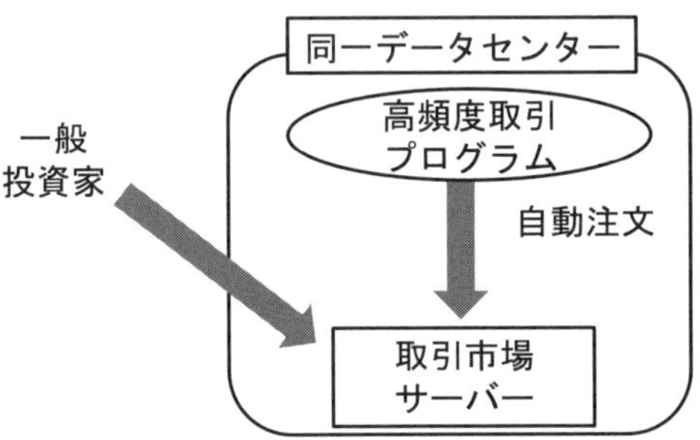

取引市場：高頻度取引を呼び込みたい
高頻度取引：少しでもレイテンシーを短くしたい

スライド **5.21**　コロケーションサービス

マーケットメーカー戦略

高頻度取引でよく用いられる戦略

売り買い両方の注文をつねに出しておく

	売り	価格	買い	
	84	101		
注文 ⇒	176	100		
		99	204	⇐ 注文
		98	77	

取引価格 99円⇔100円を往復 ⇒ 少し儲かる ⇒ 頻度を上げたい ⇒ 市場の高速化ニーズ

取引価格大きく動き出す ⇒ 保有株式を早く手放したい ⇒ 市場の高速化ニーズ

スライド **5.22**　マーケットメーカー戦略

マーケットメーカー戦略は，近い価格で買いと売りの両方の注文をつねに出しておき，両価格の幅の間を取引価格が行ったり来たりすることで利益をあげる。例えば，99円で買い100円で売るといったことを繰り返すのである。利幅は小さいが，これを高頻度で繰り返すことにより利益を積み上げていく。取引市場のシステムが高速であればあるほど，高頻度でこの取引が行えるのである。

しかし，当然のことであるが，マーケットメーカー戦略にもリスクがある。市場価格がどちらかの方向に動き出したときに，持っている株式をすばやく手放さなければならない。そういう観点からも高速な市場であるほうがよい。

草田ら[93]は，このようなマーケットメーカー戦略を行う投資家がいる市場のほうが売買代金シェアを伸ばすことができることを示した。この研究では，マーケットメーカー戦略の投資家がいる市場といない市場を用意し，どのようなマーケットメーカー戦略なら売買代金シェアが変化するのかを調べた（スライド **5.23**）。

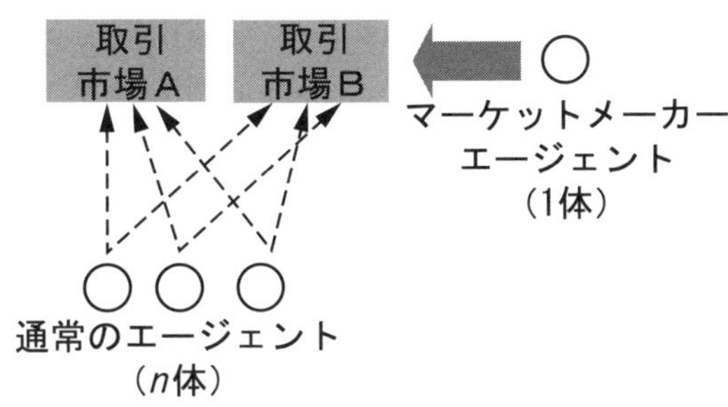

スライド **5.23**　マーケットメーカーの影響分析

その結果，取引市場の平均的な**ビット・オファー・スプレッド**（最も高い買い注文と最も安い売り注文の差）よりも，マーケットメーカー戦略が出す買いと売りの注文の価格差が大きかったとしても，売買代金シェアが移ることがわかった。これは，**スライド 5.24** に示したように，市場のビット・オファー・スプレッドは広がったり狭まったりしており，広がったときのみ，マーケットメーカー戦略の注文がビット・オファー・スプレッドの中にあれば，売買代金シェアが移ることを示している。

現在のような取引市場間競争下では，取引市場が投資家にマーケットメーカーを頼む場合がある。そのとき，どのくらいの売り買いの価格差で注文を出してもらうように頼むか，その水準を議論するのにこの研究が役立っていると考えられる。

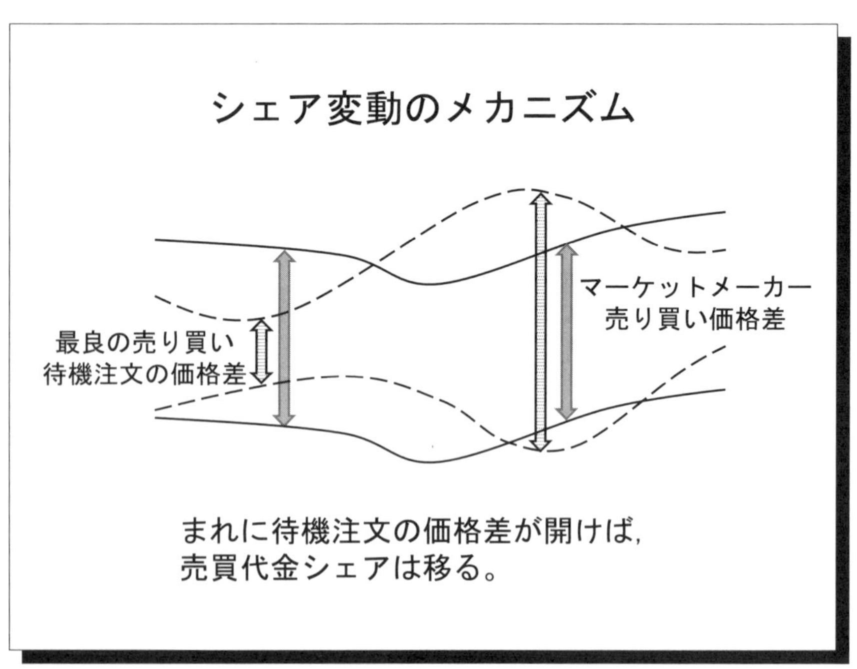

スライド **5.24**　シェア変動のメカニズム

5.5.3 ダークプール

最後に，ダークプールについて見てみよう。同一の証券会社に届いた大口の投資家同士の注文を伝統的な取引所に出すのではなく，証券会社内で取引を成立させることがある。このような証券会社内での注文付け合わせを機械化したものがダークプールである（スライド **5.25**）。通常，証券会社にどのような注文が到来したかは，投資家からは見ることができず，伝統的な取引所など注文情報を公開している取引市場に出されて初めて見ることができる。しかし，ダークプールでは，どのくらいの注文が待機しているかは，投資家には開示されない。取引価格は，ほかの取引市場の最も高い買いの注文価格と最も安い注文価格の平均を使うことが多い。そのため，相対する注文さえあれば，ほかの取引市場で取引するよりもたがいに少しよい価格で取引が可能となる。

スライド **5.26** を用いて，ダークプールの論点を説明する。ダークプールはほ

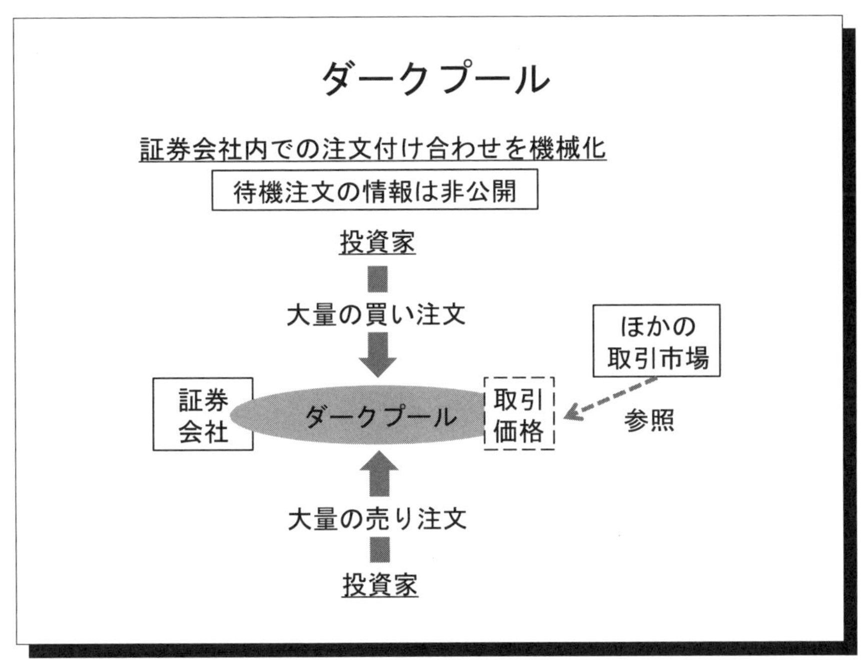

スライド **5.25**　ダークプール

ダークプールの是非

市場価格を動かさない ⇔ 価格発見機能がない

価格を大きく動かす恐れがある大口注文にニーズ

そのような大口注文がほかの市場で減り，安定化

価格発見機能の低下により，市場が非効率化

価格発見機能を持たない

どのくらいの普及が適切か？

スライド **5.26**　ダークプールの是非

かの投資家に自分の注文を見せる必要がないため，大量の売買を行いたい投資家が，自らの大量の売買注文によって市場価格を変動させてしまうこと（マーケットインパクト）を避けて売買ができる。このような大口投資家による大きなマーケットインパクトを市場にもたらすことを少なくするため，市場の安定化につながるといわれている。しかしながら，価格決定機能を持たないダークプールが普及すると，市場全体の価格発見機能が低下し，市場が非効率になる，つまり，適正な価格を投資家たちの売買を通じて見つけるということができなくなる恐れがあるという批判もある。

そのため，例えば欧州では，2014 年の金融商品市場指令の見直し（MiFID II）によって，ダークプールでの売買代金を全体の 8% に制限するキャップ規制が導入された。この 8% というのは，本来であれば定量的な議論がなされた後に出されるべきものであるが，実際には，この 8% にほとんど根拠がないよ

うに思われる。そこで，水田らは，どのくらいダークプールが普及すれば市場を非効率にするのかを人工市場を用いて調べた[94)]。

この研究では，相対する注文さえあれば，ダークプールで取引したほうが有利な価格で取引できることを考慮し，相対する注文がある場合は優先的にダークプールに注文するようなエージェントベースモデルとなっている†。そのため，即座に取引が成立する注文は，ダークプールにより多く出される。逆に，即座には取引が成立しない，つまり，取引価格から離れている注文は，(注文情報が公開されている) 価格決定を行う取引市場へ出され続ける。そのため，スライド **5.27** に示すように，価格決定を行う取引市場には，取引価格から離れた価格で待機する注文が多くなり，市場の変動をおさえる要因となって，市場が安定化する。

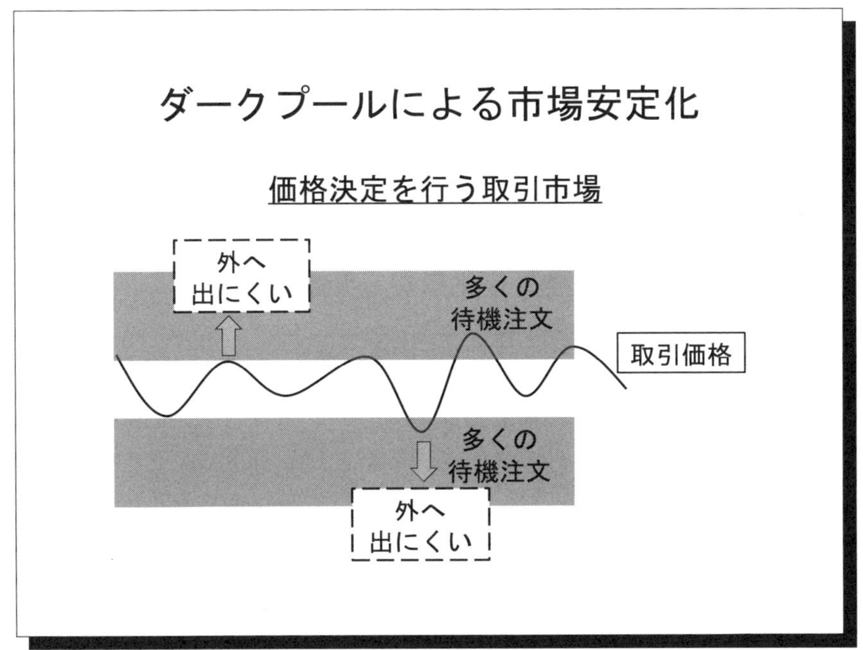

スライド **5.27**　ダークプールによる市場安定化

† 実市場でも，このような投資家が多いといわれている。

一方，あまりにもダークプールの売買代金シェアが増え，価格決定を行う市場への注文が少なくなりすぎると，いったん適正な価格から乖離した市場価格が適正な価格に戻るのに時間がかかるようになるため，市場が非効率となる。これは**スライド 5.28** に示したように，市場価格が適正な価格に戻るとき，ダークプールの待機注文が多すぎるため，価格を変更する売り注文がダークプールに吸収され，価格決定を行う取引市場で価格を変更する売買が行われにくくなるからである。

つまり，ダークプールのある程度までの普及は市場を安定化させるが，普及のしすぎは非効率にするということである。このことを違う観点から説明することを試みる。**スライド 5.29** は，妥当な価格を考えながら，慎重に売買する多数の投資家が存在する場合を図解している。それゆえ，妥当な取引価格が形成されると考えられる。しかし，大口の買いや売りを急ぐ投資家が現れたとき，

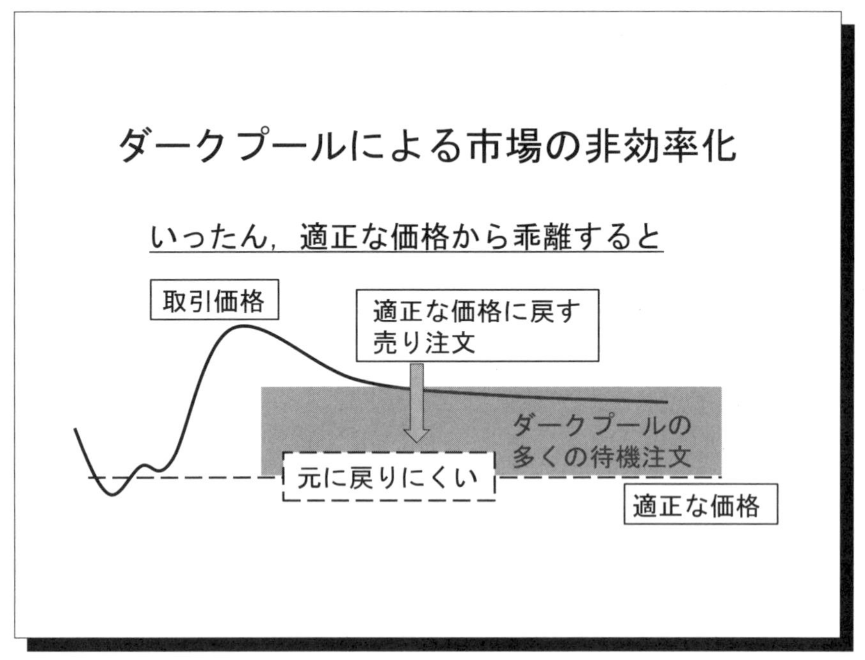

スライド **5.28**　ダークプールによる市場の非効率化

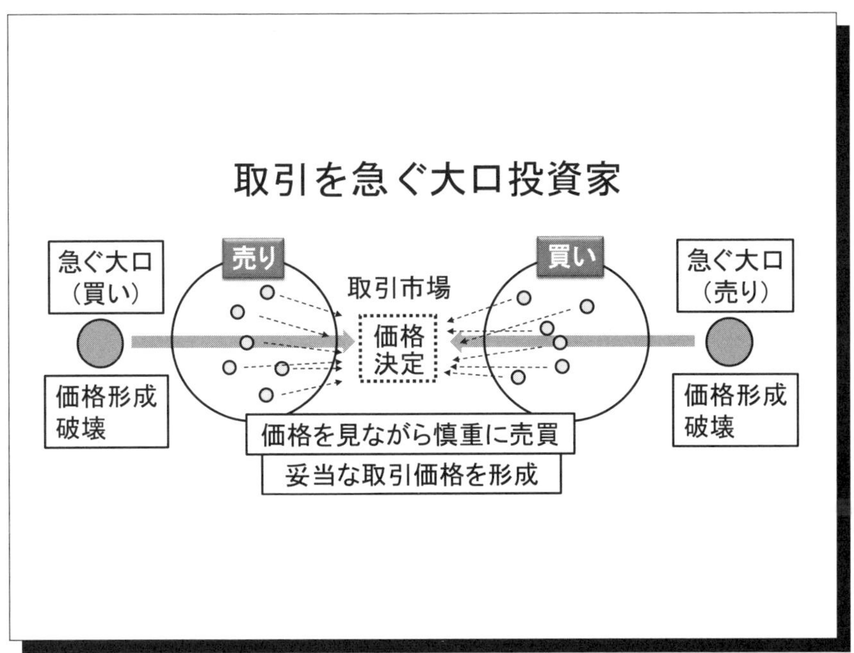

スライド **5.29**　取引を急ぐ大口投資家

その投資家が価格形成を考えずに，つまり取引価格へ与えるインパクトを考えずに大口の注文を急いですべて出してしまった場合，取引価格へ多大なインパクトを与え，価格形成が破壊されるであろう。

スライド 5.30 は，このような妥当な価格を考えず取引を急ぐ投資家を価格決定に参加させず，別の場所で取引させた場合を図解した。価格を慎重に考える投資家たちが妥当な取引価格を形成しているので，これを参照して取引価格とする。こうすることにより，価格を考えない投資家も妥当な取引価格で取引できるうえ，価格形成もじゃましない。そのため，市場を効率化し，価格変動が安定する。

一方，**スライド 5.31** は，あまりにも多くの投資家が価格決定に参加しなくなると，逆に市場が不安定化・非効率化してしまうことを図解している。価格決定の参加者が少数，かつ多様な意見が反映されないため，妥当でない取引価格

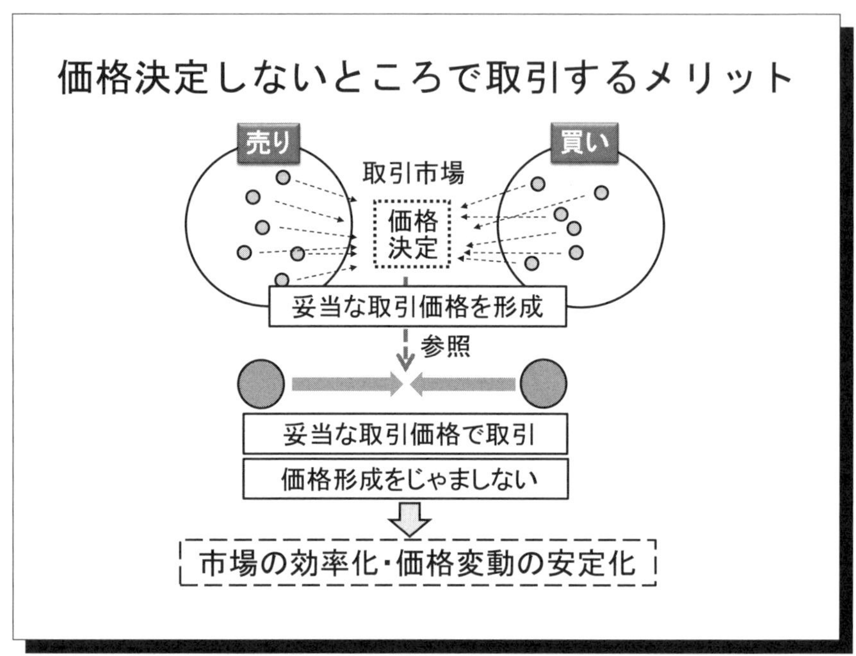

スライド 5.30　価格決定しないところで取引するメリット

が形成されてしまう。極端な例として，売りが 1 人，買いがまったくいない場合は，そもそも取引価格が見つけられない。また，かりに買い手が少数現れても取引の量に厚みがなく，ちょっとした需給のかたよりですぐに価格を大きく変動させてしまうであろう。この妥当でない取引価格に多数の投資家が群がって，この価格を使って取引してしまうのは，これらの投資家にとってもよくないことであることは明らかである。

この研究では，その境目となるダークプールの普及率は，売買代金シェアで 50% と見積もられた。つまり，半分以上の人が価格決定に参加しなくなると，適正な価格が見つけにくくなるということである。これは，欧州が導入した売買代金規制の 8% が低すぎることを示唆しているが，この研究だけでそれを断言することは難しく，今後さらにさまざまな観点から調査・議論がなされるべきであろう。

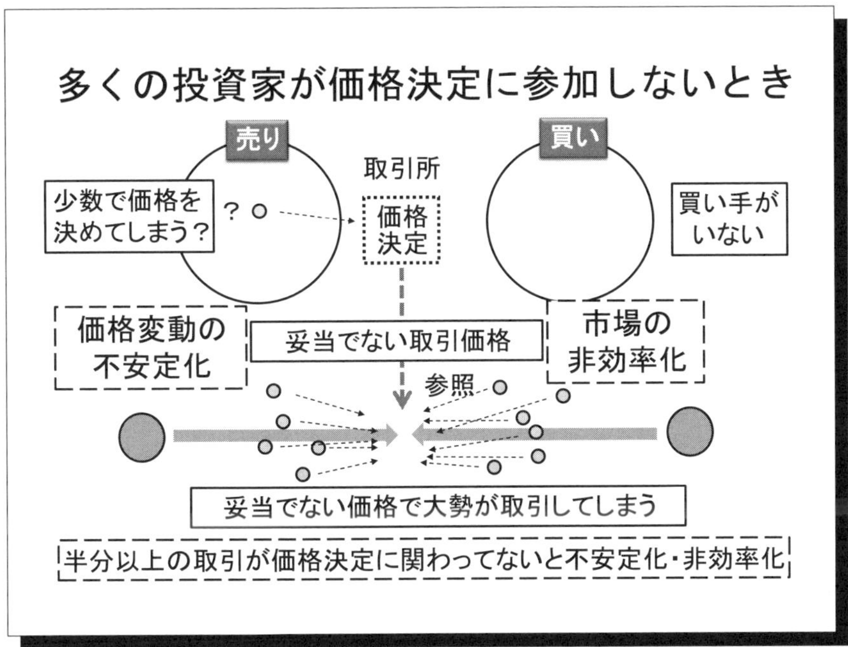

スライド **5.31** 多くの投資家が価格決定に参加しないとき

また，スライド 5.29～5.31 の議論は，「一般に，市場で価格決定過程にどれくらいの人が参加すべきか？」という議論にもつながると考えられる。そのように考えれば，ダークプールに限った議論ではない。実市場で価格決定過程に参加しない投資家といえば，昼休みに行われるバスケット取引やブロック取引などもあるが，日経平均株価や東証株価指数（TOPIX）とまったく同じ値動きをすることを目指すパッシブファンドもそれに含まれるだろう。

パッシブファンドは，個々の企業の価値や市場での価格（株価）を見ることなく機械的に購入を行うので，価格決定過程に参加していないといえるだろう。企業の価値を計測し，それと市場での価格を比べて売買を行うアクティブファンドから，価格決定過程に参加しないパッシブファンドに資金を移す投資家が最近世界的に増えている。「企業の価格はいったいだれが決めるのか？」という社会問題が生まれつつある可能性を，最後に指摘しておきたい。

5.6 まとめと今後の展望

本章では，最近になってようやく現れた，金融市場の制度設計の議論に貢献できる人工市場を紹介した。確かに，数多く存在する金融市場の設計の中では，人工市場で議論できる設計はまだ少ないが，本章で紹介した研究のように，重要な制度設計の議論に貢献した研究も出始めている。

本章で取り扱った金融市場の設計は，一般にはあまり知られていないものが多かったかもしれない。読者によっては，これらが非常に細部のものであると思え，重要性を感じられないかもしれない。しかし，細部の設計こそ重要である。McMillan は，「市場がうまく機能するかどうかを決定するのは，設計の細部である」と述べた[75)]。「神は細部に宿る」のである。金融市場が社会の発展に貢献するか，または，金融危機などにより社会に打撃を与えるのか，それも設計の細部にかかっているのである。

今後，もっと多くの金融市場の設計が人工市場で扱えるようになり，うまく金融市場を設計することにさらに貢献し，社会の発展につながっていけば，と願っている。

最後に，これは蛇足かもしれないが，金融・経済の世界では，そのシステムが複雑すぎて，人工市場がほとんど活躍していない領域があり，その中でも特に，金融政策の分野は，社会的な影響が非常に大きいにも関わらず，ほとんど手が付けられていないことを述べておく。

金融政策とは，中央銀行（日本では日本銀行）が物価の安定化や経済の混乱を防ぐために行う政策であり，現在の日本ではデフレの脱却をどのように行うかが議論されている。この議論は国政選挙の最大級のテーマになるなど，社会における重要性は計り知れない。それにも関わらず，実際の政策決定の場で人工市場のようなシミュレーション手法は，例えば，欧州で行われているプロジェクト[95)]を除いてはほとんど使われておらず，思わぬ副作用に見舞われたり，目標とはまったく異なる結果を招いたりしている。まさに，人工市場が最も使われなければならない領域だと主張したい。

引用・参考文献

1) A. Einstein：Über die von der molekularkinetischen Theorie der Wärme geforderte Bewegung von in ruhenden Flüssigkeiten suspendierten Teilchen, Annalen der Physik, **322**, 8, pp. 549–560 (1905)
https://onlinelibrary.wiley.com/doi/pdf/10.1002/andp.19053220806
(2020 年 2 月現在)

2) L. Bachelier：Théorie de la spéculation, Ann. Sci. Ec. Norm. Super., **17**, pp. 21–86 (1900)

3) F. Black and M. Scholes：The Pricing of Options and Corporate Liabilities, J. Political Economy, **81**, 3, pp. 637–654 (1973)

4) B. Mandelbrot：Forecasts of Future Prices, Unbiased Markets, and "Martingale" Models, The Journal of Business, **39**, 1, pp. 242–255 (1966)

5) B. Mandelbrot：The Variation of Some Other Speculative Prices, The Journal of Business, **40**, 4, pp. 393–413 (1967)

6) B.B. Mandelbrot：The Fractal Geometry of Nature, W. H. Freeman (1982)

7) 高安秀樹：フラクタル, 朝倉書店 (1986)

8) J. Feder 著, 松下　貢, 早川美徳, 佐藤信一 訳：フラクタル, 啓学出版 (1991)

9) M. ミッチェル ワールドロップ 著, 田中三彦, 遠山峻征 訳：複雑系—科学革命の震源地・サンタフェ研究所の天才たち, 新潮社 (1996)
Waldrop M. Mitchell：Complexity, Touchstone Books (1992)

10) R. N. Mantegna and H. E. Stanley：An Introduction to Econophysics-Correlation and Complexity in Finance-, Cambridge University Press (2000)

11) J.-P. Bouchaud and M. Potters：Theory of Financial Risks, Cambridge University Press (2000)

12) 高安秀樹, 高安美佐子：エコノフィジックス—市場に潜む物理法則, 日本経済新聞社 (2001)

13) T. Mizuno, S. Kurihara, M. Takayasu, and H. Takayasu：Analysis of high-resolution foreign exchange data of USD-JPY for 13 years, Physica A：Statistical Mechanics and its Applications, **324**, 1, pp. 296–302 (2003)

14) R. N. Mantegna and H. E. Stanley：Scaling behaviour in the dynamics of an economic index, Nature, **376**, 6535, pp. 46–49 (1995)

15) F. M. Longin：The Asymptotic Distribution of Extreme Stock Market Returns, The Journal of Business, **69**, 3, pp. 383–408 (1996)

16) P. Gopikrishnan, M. Meyer, L. A. N. Amaral, and H. E. Stanley：Inverse cubic law for the distribution of stock price variations, The European Physical Journal B, **3**, 2, pp. 139–140 (1998)

17) R. Cont, M. Potters, and J. -P. Bouchaud：Scaling in Stock Market Data：Stable Laws and Beyond, Scale Invariance and Beyond (Proc. CNS Workshop on Scale Invariance), cond-mat/970587 (1997)

18) A. A. Tsonis, F. Heller, H. Takayasu, K. Marumo, and T. Shimizu：A characteristic time scale in dollar–yen exchange rates, Physica A：Statistical Mechanics and its Applications, **291**, 1, pp. 574–582 (2001)

19) M. Takayasu, H. Takayasu, and M. P. Okazaki：Transaction Interval Analysis of High Resolution Foreign Exchange Data (edited by H. Takayasu), Empirical Science of Financial Fluctuations, pp. 18–25, Springer (2002)

20) M. Takayasu and H. Takayasu：Self-modulation processes and resulting generic 1/f fluctuations, Physica A：Statistical Mechanics and its Applications, **324**, 1, pp. 101–107 (2003)

21) 小口幸伸：外国為替のしくみ, 日本実業出版社 (2005)

22) R. F. Engle：Autoregressive Conditional Heteroscedasticity with Estimates of the Variance of United Kingdom Inflation, Econometrica, **50**, 4, pp. 987–1007 (1982)

23) T. Bollerslev：Generalized autoregressive conditional heteroskedasticity, J. Econometrics, **31**, 3, pp. 307–327 (1986)

24) M. Takayasu, T. Mizuno, T. Ohnishi, and H. Takayasu：Temporal characteristics of moving average of foreign exchange markets (edited by H. Takayasu), Practical Fruits of Econophysics, pp. 29–32, Springer (2006)

25) M. Takayasu, T. Mizuno, and H. Takayasu：Potentials of Unbalanced Complex Kinetics Observed in Market Time Series
http://arxiv.org/abs/physics/0509020（2020 年 2 月現在）

26) M. Takayasu, T. Mizuno, and H. Takayasu：Potential force observed in market dynamics, Physica A：Statistical Mechanics and its Applica-

tions, **370**, 1, pp. 91–97 (2006)

27) K. Kanazawa, T. Sueshige, H. Takayasu, and M. Takayasu：Derivation of the Boltzmann Equation for Financial Brownian Motion：Direct Observation of the Collective Motion of High-Frequency Traders, Phys. Rev. Lett., **120**, 13, p. 138301 (2018)

28) T. Sueshige, K. Kanazawa, H. Takayasu, and M. Takayasu：Ecology of trading strategies in a forex market for limit and market orders, PLOS ONE, **13**, 12, p. e0208332 (2018)

29) B. B. Mandelbrot and J. W. Van Ness：Fractional Brownian Motions, Fractional Noises and Applications, SIAM Rev., **10**, 4, pp. 422–437 (1968)

30) B. Mucklow：Market Microstructure：An Examination of the Effects on Intraday Event Studies, Contemporary Accounting Research, **10**, 2, pp. 355–382 (1994)
https://onlinelibrary.wiley.com/doi/pdf/10.1111/j.1911-3846.1994.tb00397.x（2020 年 2 月現在）

31) 宇野　淳：価格はなぜ動くのか—金融マーケットの謎を解き明かす, 日経 BP 社 (2008)

32) ジェームス・モンティア 著, 真壁昭夫 監訳, 川西　諭, 栗田昌孝 訳：行動ファイナンスの実践—投資家心理が動かす金融市場を読む, ダイヤモンド社 (2005)
J. Montier：Behavioural Finance, Wiley (2002)

33) K. Izumi and T. Okatsu：An Artificial Market Analysis of Exchange Rate Dynamics, Evolutionary Programming V, pp. 27–36, MIT Press (1996)

34) K. Arai, H. Deguchi, and H. Matsui：Agent-Based Modeling Meets Gaming Simulation, Springer (2006)

35) T. Terano, H. Kita, H. Deguchi, and K. Kijima：Agent-Based Approaches in Economic and Social Complex Systems IV, Springer (2007)

36) T. Terano, H. Kita, S. Takahashi, and H. Deguchi：Agent-Based Approaches in Economic and Social Complex Systems V, Springer (2008)

37) Y. Shiozawa, Y. Nakajima, H. Matsui, Y. Koyama, K. Taniguchi, and F. Hashimoto：Artificial Market Experiments with U-Mart System, Springer (2008)

38) T. Lux and M. Marchesi：Scaling and criticality in a stochastic multi-

agent model of a financial market, Nature, **397**, 6719, pp. 498–500 (1999)

39) V. Alfi, M. Cristelli, L. Pietronero, and A. Zaccaria：Minimal agent based model for financial markets I - Origin and self-organization of stylized facts, The European Physical Journal B, **67**, 3, pp. 385–397 (2009)

40) V. Alfi, M. Cristelli, L. Pietronero, and A. Zaccaria：Minimal agent based model for financial markets II - Statistical properties of the linear and multiplicative dynamics, The European Physical Journal B, **67**, 3, pp. 399–417 (2009)

41) D. Challet, M. Marsili, and R. Zecchina：Statistical Mechanics of Systems with Heterogeneous Agents：Minority Games, Phys. Rev. Lett., **84**, 8, pp. 1824–1827 (2000)

42) D. Challet and M. Marsili：Criticality and market efficiency in a simple realistic model of the stock market, Phys. Rev. E, **68**, 3, p. 036132 (2003)

43) A. De Martino, I. Giardina, A. Tedeschi, and M. Marsili：Generalized minority games with adaptive trend-followers and contrarians, Phys. Rev. E, **70**, 2, p. 025104 (2004)

44) F. Ren, B. Zheng, T. Qiu, and S. Trimper：Minority games with score-dependent and agent-dependent payoffs, Phys. Rev. E, **74**, 4, p. 041111 (2006)

45) A. Krawiecki, J. A. Hołyst, and D. Helbing：Volatility Clustering and Scaling for Financial Time Series due to Attractor Bubbling, Phys. Rev. Lett., **89**, 15, p. 158701 (2002)

46) T. Kaizoji：An interacting-agent model of financial markets from the viewpoint of nonextensive statistical mechanics, Physica A：Statistical Mechanics and its Applications, **370**, 1, pp. 109–113 (2006)

47) W.-X. Zhou and D. Sornette：Self-organizing Ising model of financial markets, The European Physical Journal B, **55**, 2, pp. 175–181 (2007)

48) H. Takayasu, H. Miura, T. Hirabayashi, and K. Hamada：Statistical properties of deterministic threshold elements — the case of market price, Physica A：Statistical Mechanics and its Applications, **184**, 1, pp. 127–134 (1992)

49) T. Hirabayashi, H. Takayasu, H. Miura, and K. Hamada：The behavior of a threshold model of market price in stock exchange, Fractals, **1**, 1,

pp. 29–40 (1993)

50) A. Sato and H. Takayasu：Dynamic numerical models of stock market price：from microscopic determinism to macroscopic randomness, Physica A：Statistical Mechanics and its Applications, **250**, 1, pp. 231–252 (1998)

51) K. Yamada, H. Takayasu, and M. Takayasu：Characterization of foreign exchange market using the threshold-dealer-model, Physica A：Statistical Mechanics and its Applications, **382**, 1, pp. 340–346 (2007)

52) K. Yamada, H. Takayasu, T. Ito, and M. Takayasu：Solvable stochastic dealer models for financial markets, Phys. Rev. E, **79**, 5, p. 051120 (2009)

53) G. T. Barkema, M. J. Howard, and J. L. Cardy：Reaction-diffusion front for $A + B \rightarrow \emptyset$ in one dimension, Phys. Rev. E, **53**, 3, pp. R2017–R2020 (1996)

54) P. L. Krapivsky：Diffusion-limited annihilation with initially separated reactants, Phys. Rev. E, **51**, 5, pp. 4774–4777 (1995)

55) A. Sato and H. Takayasu：Derivation of ARCH(1) process from market price changes based on deterministic microscopic multi-agent (edited by H. Takayasu), Empirical Science of Financial Fluctuations, pp. 171–178, Springer (2002)

56) K. Yamada, H. Takayasu, and M. Takayasu：The grounds for time dependent market potentials from dealers' dynamics, The European Physical Journal B, **63**, 4, pp. 529–532 (2008)

57) K. Yamada, H. Takayasu, and M. Takayasu：Dependence of the number of dealers in a stochastic dealer model, J. Physics：Conference Series, **221**, p. 012015 (2010)

58) 松永健太, 山田健太, 高安秀樹, 高安美佐子：スプレッドディーラーモデルの構築とその応用, 人工知能学会論文誌, **27**, 6, pp. 365–375 (2012)

59) Y. Yura, T. Ohnishi, K. Yamada, H. Takayasu, and M. Takayasu：Replication of non-trivial directional motion in multi-scales observed by the runs test, International Journal of Modern Physics：Conference Series, **16**, pp. 136–148 (2012)

60) T. Hamano, K. Kanazawa, H. Takayasu, and M. Takayasu：A Dealer Model of Foreign Exchange Market with Finite Assets, Proc. APEC-SSS2016, **16** (2017)

61) K. Kanazawa, T. Sueshige, H. Takayasu, and M. Takayasu：Kinetic theory for financial Brownian motion from microscopic dynamics, Phys. Rev. E, **98**, 5, p. 052317 (2018)

62) T. Ohnishi, T. Mizuno, K. Aihara, M. Takayasu, and H. Takayasu：Statistical properties of the moving average price in dollar–yen exchange rates, Physica A：Statistical Mechanics and its Applications, **344**, 1, pp. 207–210 (2004)

63) H. Takayasu, A. Sato, and M. Takayasu：Stable Infinite Variance Fluctuations in Randomly Amplified Langevin Systems, Phys. Rev. Lett., **79**, 6, pp. 966–969 (1997)

64) M. Takayasu, T. Mizuno, and H. Takayasu：Theoretical analysis of potential forces in markets, Physica A：Statistical Mechanics and its Applications, **383**, 1, pp. 115–119 (2007)

65) T. Mizuno, H. Takayasu, and M. Takayasu：Analysis of price diffusion in financial markets using PUCK model, Physica A：Statistical Mechanics and its Applications, **382**, 1, pp. 187–192 (2007)

66) M. Takayasu, K. Watanabe, T. Mizuno, and H. Takayasu：Theoretical Base of the PUCK-Model with Application to Foreign Exchange Markets, Econophysics Approaches to Large-Scale Business Data and Financial Crisis (edited by M. Takayasu, T. Watanabe, and H. Takayasu), pp. 79–98, Springer (2010)

67) K. Watanabe, H. Takayasu, and M. Takayasu：Extracting the exponential behaviors in the market data, Physica A：Statistical Mechanics and its Applications, **382**, 1, pp. 336–339 (2007)

68) K. Watanabe, H. Takayasu, and M. Takayasu：A mathematical definition of the financial bubbles and crashes, Physica A：Statistical Mechanics and its Applications, **383**, 1, pp. 120–124 (2007)

69) T. Mizuno, M. Takayasu, and H. Takayasu：The mechanism of double-exponential growth in hyper-inflation, Physica A：Statistical Mechanics and its Applications, **308**, 1, pp. 411–419 (2002)

70) A. Johansen and D. Sornette：Finite-time singularity in the dynamics of the world population, economic and financial indices, Physica A：Statistical Mechanics and its Applications, **294**, 3, pp. 465–502 (2001)

71) J. Doyne Farmer 5, L. Gillemot, F. Lillo, S. Mike, and A. Sen：What

really causes large price changes?, Quantitative Finance, **4**, 4, pp. 383–397 (2004)
https://doi.org/10.1080/14697680400008627（2020 年 2 月現在）

72) 高橋大志, 寺野隆雄：エージェントモデルによる金融市場のミクロマクロ構造の分析：リスクマネジメントと資産価格変動，電子情報通信学会論文誌, **J86-D-I**, 8, pp. 618–628 (2003)

73) P. Bak, C. Tang, and K. Wiesenfeld：Self-organized criticality：An explanation of the 1/f noise, Phys. Rev. Lett., **59**, 4, pp. 381–384 (1987)

74) P. Bak, C. Tang, and K. Wiesenfeld：Self-organized criticality, Phys. Rev. A, **38**, 1, pp. 364–374 (1988)

75) J. McMillan：Reinventing the Bazaar：A Natural History of Markets, W. W. Norton & Company (2002)
J. McMillan 著, 瀧澤弘和, 木村友二 訳：市場を創る—バザールからネット取引まで, NTT 出版 (2007)

76) J. D. Farmer and D. Foley：The Economy Needs Agent-Based Modelling, Nature, **460**, 7256, pp. 685–686 (2009)
https://doi.org/10.1038/460685a（2020 年 2 月現在）

77) S. Battiston, J. D. Farmer, A. Flache, D. Garlaschelli, A. G. Haldane, H. Heesterbeek, C. Hommes, C. Jaeger, R. May, and M. Scheffer：Complexity Theory and Financial Regulation, Science, **351**, 6275, pp. 818–819 (2016)
https://doi.org/10.1126/science.aad0299（2020 年 2 月現在）

78) 和泉　潔：人工市場—市場分析の複雑系アプローチ, 森北出版 (2003)

79) T. Lux and M. Marchesi：Scaling and Criticality in a Stochastic Multi-Agent Model of a Financial Market, Nature, **397**, pp. 498–500 (1999)
https://doi.org/10.1038/17290（2020 年 2 月現在）

80) W. Arthur, S. Durlauf, D. Lane, and S. E. Program：Asset Pricing under Endogenous Expectations in an Articial Stock Market, The Economy as an Evolving Complex System II, Addison-Wesley Reading, MA, pp. 15–44 (1997)

81) H. Kita, K. Taniguchi, and Y. Nakajima：Realistic Simulation of Financial Markets, Springer (2016)
https://doi.org/10.1007/978-4-431-55057-0（2020 年 2 月現在）

82) M. Weisberg：Simulation and Similarity：Using Models to Understand

the World, Oxford Studies in the Philosophy of Science (2012)
M. Weisberg 著, 松王政浩 訳：科学とモデル—シミュレーションの哲学入門, 名古屋大学出版会 (2017)

83) 水田孝信：人工市場シミュレーションを用いた金融市場の規制・制度の分析, 東京大学大学院博士論文 (2014)
https://doi.org/10.15083/00007779（2020 年 2 月現在）

84) 水田孝信, 早川　聡, 和泉　潔, 吉村　忍：人工市場シミュレーションを用いた取引市場間におけるティックサイズと取引量の関係性分析, 日本取引所グループ, JPX ワーキング・ペーパー, **2** (2013)
https://www.jpx.co.jp/corporate/research-study/working-paper/index.html（2020 年 2 月現在）

85) 清水葉子：HFT, PTS, ダークプールの諸外国における動向—欧米での証券市場間の競争や技術革新に関する考察, 金融庁金融研究センター ディスカッションペーパー (2013)
https://www.fsa.go.jp/frtc/seika/25.html（2020 年 2 月現在）

86) V. Darley and A. Outkin：Nasdaq Market Simulation：Insights on a Major Market from the Science of Complex Adaptive Systems, World Scientific (2007)
https://www.worldscientific.com/worldscibooks/10.1142/6217（2020 年 2 月現在）

87) S. Nagumo, T. Shimada, N. Yoshioka, and N. Ito：The Effect of Tick Size on Trading Volume Share in Two Competing Stock Markets, J. Phys. Soc. Jpn, **86**, 1, p. 014801 (2017)
https://doi.org/10.7566/JPSJ.86.014801（2020 年 2 月現在）

88) T. Mizuta：A Brief Review of Recent Artificial Market Simulation (Agent-Based Model) Studies for Financial Market Regulations and/or Rules, SSRN Working Paper Series (2016)
https://doi.org/10.2139/ssrn.2710495（2020 年 2 月現在）

89) 八木　勲, 水田孝信, 和泉　潔：人工市場を利用した空売り規制が与える株式市場への影響分析, 人工知能学会論文誌, **26**, 1, pp. 208–216 (2011)
https://doi.org/10.1527/tjsai.26.208（2020 年 2 月現在）

90) I. Yagi, A. Nozaki, and T. Mizuta：Investigation of the Rule for Investment Diversification at the Time of a Market Crash Using an Artificial Market Simulation, Evolutionary and Institutional Economics Review,

14, 2, pp. 451–465 (2017)
https://doi.org/10.1007/s40844-017-0070-9（2020 年 2 月現在）

91) K. Miwa：Effective Extension of Trading Hours, Evolutionary and Institutional Economics Review, **15**, 1, pp. 139–166 (2018)
https://doi.org/10.1007/s40844-018-0092-y（2020 年 2 月現在）

92) 水田孝信, 則武誉人, 早川　聡, 和泉　潔：人工市場シミュレーションを用いた取引システムの高速化が価格形成に与える影響の分析, 日本取引所グループ, JPX ワーキング・ペーパー, **9** (2015)
https://www.jpx.co.jp/corporate/research-study/working-paper/index.html（2020 年 2 月現在）

93) 草田裕紀, 水田孝信, 早川　聡, 和泉　潔：保有資産を考慮したマーケットメイク戦略が取引所間競争に与える影響：人工市場アプローチによる分析, 人工知能学会論文誌, **30**, 5, pp. 675–682 (2015)
https://doi.org/10.1527/tjsai.30_675（2020 年 2 月現在）

94) 水田孝信, 小杉信太郎, 楠本拓矢, 松本　渉, 和泉　潔：ダーク・プールが市場効率性と価格発見メカニズムに与える影響—人工市場モデルと数式モデルを用いたメカニズムの分析, 第 16 回 人工知能学会 金融情報学研究会 (2016)
https://sigfin.org/SIG-FIN-016-03/（2020 年 2 月現在）

95) Bridging Agent-based and Dynamic-Stochastic-General-Equilibrium Modelling Approaches for Building Policy-Focused Macrofinancial Models, MACFINROBODS project (2014-2017)
http://www.macfinrobods.eu/research/workpackages/WP7/wp7.html（2020 年 2 月現在）

索　　　引

—— 著 者 略 歴 ——

高安美佐子（たかやす　みさこ）

1987年　名古屋大学理学部物理学科卒業
1989年　神戸大学大学院理学研究科修士課程修了（地球惑星科学専攻）
1989年　米国ボストン大学物理学教室客員研究員
1993年　神戸大学大学院自然科学研究科博士課程修了（物質科学専攻），博士（理学）
1997年　慶應義塾大学助手
2000年　公立はこだて未来大学助教授
2004年　東京工業大学助教授
2007年　東京工業大学准教授
2017年　東京工業大学教授
　　　　現在に至る

山田　健太（やまだ　けんた）

2005年　北海道大学工学部応用物理学科卒業
2007年　東京工業大学大学院総合理工学研究科修士課程修了（知能システム科学専攻）
2009年　東京工業大学大学院総合理工学研究科博士課程修了（知能システム科学専攻），博士（理学）
2009年　日本学術振興会特別研究員（PD）
2011年　早稲田大学高等研究所助教
2014年　東京大学助教，科学技術振興機構（JST）さきがけ研究員（兼任）
2016年　国立情報学研究所特任助教
2018年　東京工業大学特任講師
2019年　琉球大学准教授
　　　　現在に至る

和泉　　潔（いずみ　きよし）

1993年　東京大学教養学部基礎科学科第二学科卒業
1995年　東京大学大学院総合文化研究科修士課程修了（広域科学専攻）
1998年　東京大学大学院総合文化研究科博士課程修了（広域科学専攻），博士（学術）
1998年　電子技術総合研究所（現 産業技術総合研究所）勤務
2010年　東京大学准教授
2015年　東京大学教授
　　　　現在に至る

水田　孝信（みずた　たかのぶ）

2000年　気象大学校卒業
2002年　東京大学大学院理学系研究科修士課程修了（地球惑星科学専攻）
2004年　スパークス・アセット・マネジメント株式会社勤務
　　　　現在に至る
2014年　東京大学大学院工学系研究科博士課程修了（システム創成学専攻），博士（工学）

マルチエージェントによる金融市場のシミュレーション
Multi-Agent Simulation of Financial Markets

2020 年 9 月 7 日　初版第 1 刷発行

検印省略

著　　者	高　安　美佐子	
	和　泉　　　潔	
	山　田　健　太	
	水　田　孝　信	
発 行 者	株式会社　コロナ社	
	代表者　牛来真也	
印 刷 所	三美印刷株式会社	
製 本 所	有限会社　愛千製本所	

112–0011　東京都文京区千石 4–46–10
発 行 所　株式会社　コ　ロ　ナ　社
CORONA PUBLISHING CO., LTD.
Tokyo Japan
振替 00140–8–14844・電話(03)3941–3131(代)
ホームページ　https://www.coronasha.co.jp

ISBN 978–4–339–02822–5　C3355　Printed in Japan　(三上)

自然言語処理シリーズ

（各巻A5判）

■監　修　奥村　学

配本順				頁	本体
1.(2回)	言語処理のための機械学習入門	高村大也著		224	2800円
2.(1回)	質問応答システム	磯崎・東中 永田・加藤	共著	254	3200円
3.	情報抽出	関根聡著			
4.(4回)	機械翻訳	渡辺・今村 賀沢・Graham 中澤	共著	328	4200円
5.(3回)	特許情報処理：言語処理的アプローチ	藤井・谷川 岩山・難波 山本・内山	共著	240	3000円
6.	Web言語処理	奥村学著			
7.(5回)	対話システム	中野・駒谷 船越・中野	共著	296	3700円
8.(6回)	トピックモデルによる統計的潜在意味解析	佐藤一誠著		272	3500円
9.(8回)	構文解析	鶴岡慶雅 宮尾祐介	共著	186	2400円
10.(7回)	文脈解析 ―述語項構造・照応・談話構造の解析―	笹野遼平 飯田龍	共著	196	2500円
11.(10回)	語学学習支援のための言語処理	永田亮著		222	2900円
12.(9回)	医療言語処理	荒牧英治著		182	2400円
13.	言語処理のための深層学習入門	渡邉・渡辺 進藤・吉野 小田	共著		

定価は本体価格+税です。
定価は変更されることがありますのでご了承下さい。

図書目録進呈◆

情報・技術経営シリーズ

（各巻A5判）

■企画世話人　蔦田憲久・菅澤喜男

	書名	著者	頁	本体
1.	企業情報システム入門	蔦田憲久・矢島敬士共著	230	2800円
2.	製品・技術開発概論	菅澤喜男・国広誠共著	168	2000円
3.	経営情報処理のための 知識情報処理技術	辻洋・大川剛直共著	176	2000円
4.	経営情報処理のための オペレーションズリサーチ	栗原謙三・明石吉三共著	200	2500円
5.	情報システム計画論	西村一則・坪根直毅・栗田学共著	202	2500円
6.	コンピュータ科学入門	布広永示・菅澤喜男共著	184	2000円
7.	高度知識化社会における 情報管理	村山博・大貝晴俊共著	198	2400円
8.	コンペティティブ テクニカル インテリジェンス	M. Coburn著・菅澤喜男訳	166	2000円
9.	ビジネスプロセスのモデリングと設計	小林隆著	200	2500円
10.	ビジネス情報システム	蔦田憲久・水野浩孝・赤津雅晴共著	200	2500円
11.	経営視点で学ぶ グローバルSCM時代の在庫理論 ―カップリングポイント在庫計画理論―	光國光七郎著	200	2500円
12.	メディア・コミュニケーション論	矢島敬士著	180	2100円
13.	ビジネスシステムのシミュレーション	蔦田憲久・大川剛直・秋吉政徳・大場みち子共著	188	2400円
14.	技術マーケティングとインテリジェンス	菅澤喜男・岡村亮共著	240	3000円

定価は本体価格+税です。
定価は変更されることがありますのでご了承下さい。

図書目録進呈◆